THE
WORKING MEMORY
ADVANTAGE
TRAIN YOUR BRAIN TO FUNCTION
STRONGER, SMARTER, FASTER

脑力觉醒
工作记忆养成手册

[美]特蕾西·阿洛韦　[美]罗斯·阿洛韦 / 著
卢燕飞　邓蕴秋 / 译

浙江人民出版社

Copyright © 2013 by Tracy Alloway and Ross Alloway

图书在版编目（CIP）数据

脑力觉醒：工作记忆养成手册 /（美）特蕾西·阿洛韦，（美）罗斯·阿洛韦著；卢燕飞，邓蕴秋译. — 杭州：浙江人民出版社，2024.7

ISBN 978-7-213-10678-1

I. ①脑… II. ①特… ②罗… ③卢… ④邓… III. ①工作－记忆－研究 IV. ① B842.3

中国版本图书馆 CIP 数据核字（2022）第140626号

浙江省版权局
著作权合同登记章
图字:11-2020-473号

脑力觉醒：工作记忆养成手册

［美］特雷西·阿洛韦　　［美］罗斯·阿洛韦　著
卢燕飞　邓蕴秋　译

出版发行：浙江人民出版社（杭州市环城北路177号　邮编　310006）
　　　　市场部电话：（0571）85061682　85176516
责任编辑：徐雨铭　王　易　　　　责任校对：何培玉
责任印务：幸天骄　　　　　　　　封面设计：王　芸
电脑制版：杭州敬恒文化传媒有限公司
印　　刷：杭州富春印务有限公司
开　　本：710毫米×1000毫米　1/16　　印　张：19.75
字　　数：209千字　　　　　　　　　　　插　页：2
版　　次：2024年7月第1版　　　　　　　印　次：2024年7月第1次印刷
书　　号：ISBN 978-7-213-10678-1
定　　价：78.00元

如发现印装质量问题，影响阅读，请与市场部联系调换。

目 录
Contents

辑一　工作记忆与你息息相关

第一章　欢迎来到工作记忆优势的世界 / 002

什么是工作记忆？ / 003

大脑中的工作记忆 / 004

一些对工作记忆的误解 / 006

工作记忆是大脑的指挥官 / 007

日常生活中的工作记忆优势 / 010

工作记忆与智商，谁的优势更大？ / 014

削弱工作记忆的因素 / 016

如何提高工作记忆水平 / 020

测测你的工作记忆 / 021

第二章　工作记忆——取得成功的关键要素 / 029

工作记忆与意志 / 029

延迟满足 / 032

专注和多线程工作 / 039

　　　　信息管理 / 041

　　　　时间管理 / 044

　　　　管理压力 / 044

　　　　风险评估 / 045

第三章　矿难中的幽默大师——工作记忆让我们更快乐 / 047

　　　　快乐的科学 / 048

　　　　工作记忆能够激活大脑中感受愉快情绪的化学物质 / 050

　　　　工作记忆与"杯子半空" / 052

　　　　工作记忆与"杯子半满" / 054

　　　　少即是多 / 055

　　　　直面恐惧和挑战 / 057

　　　　静下心来感受快乐 / 058

　　　　工作记忆练习 / 059

第四章　工作记忆也会出错——失败、恶习、错误 / 063

　　　　乐极生悲 / 063

　　　　失控 / 066

　　　　成瘾状态下的大脑 / 066

　　　　工作记忆失效，危及身体健康 / 071

　　　　传递快乐的神经递质也可能传递忧愁 / 074

第五章　学习的最佳助手——工作记忆之于学生 / 078

　　　　天赋真的这么重要吗？ / 081

　　　　学习风格对成绩会有什么影响？ / 083

　　　　工作记忆让游戏规则更加公平 / 084

学前儿童的一小步，工作记忆的一大步 / 086

到高年级后学业出现困难 / 091

工作记忆和学习障碍 / 093

从实验研究到真实世界 / 096

工作记忆训练助力取得更高成就 / 099

学校也应关注工作记忆 / 101

工作记忆练习和策略 / 102

第六章　全新的身心连接——工作记忆与运动 / 109

进入状态 / 112

重压下的崩溃 / 114

暂时忘记工作记忆 / 115

唤醒工作记忆 / 118

面对恐惧，灵活开关工作记忆 / 120

运动对工作记忆的反向作用 / 124

跑出强大工作记忆 / 127

工作记忆练习 / 131

辑二　如何培养和强化工作记忆

第七章　工作记忆在生命中的历程 / 138

工作记忆的诞生 / 139

我思故我在、故他人在 / 141

工作记忆也会衰退 / 148

工作记忆的晚年 / 151

　　　　重新思考退休问题 / 152

　　　　亲友的离去 / 155

　　　　工作记忆有助于缓解疼痛 / 158

　　　　最可怕的结果：失去心智 / 161

　　　　工作记忆练习 / 170

第八章　工作记忆训练入门 / 174

　　　　能够提升何种技能？ / 175

　　　　工作记忆训练 / 180

第九章　工作记忆高手的秘诀 / 185

　　　　解码法：找出可行的公式 / 186

　　　　关联法：记忆万物的艺术 / 191

　　　　组块法（一）：识别联系，以及倒序思考的妙招 / 195

　　　　组块法（二）：化繁为简，从终点倒推 / 198

　　　　工作记忆练习 / 202

第十章　工作记忆饮食指南 / 210

　　　　哪些食物有助于增强工作记忆？ / 211

　　　　养成习惯：制定自己的工作记忆食谱 / 217

　　　　养成习惯：少吃一点 / 224

第十一章　七个工作记忆强化方法，以及需要避免的坏习惯 / 230

　　　　习惯一：良好的睡眠 / 230

　　　　习惯二：清理居住空间有助于清理工作记忆 / 236

　　　　习惯三：在大自然中运动！ / 238

　　　　习惯四：发挥创造力 / 240

习惯五：随手涂鸦 / 242

习惯六：使用脸书 / 243

习惯七：户外运动 / 244

坏习惯对工作记忆是否有害？ / 245

工作记忆"兴奋剂" / 247

辑三　工作记忆的过去和未来

第十二章　打造工作记忆的乌托邦 / 250

认知设计的好处 / 251

第十三章　工作记忆优势之黎明 / 263

智力拼图中缺失的一块 / 264

探寻工作记忆巨石的漫漫长路 / 266

工作记忆考古纪实 / 270

弗林史东家族——现代石器时代的摩登原始人 / 276

释放创造力 / 279

第十四章　工作记忆速查手册 / 287

简化练习 / 287

控制练习 / 293

支持练习 / 299

致谢 / 304

辑一

Part one

工作记忆与你息息相关

第一章

欢迎来到工作记忆优势的世界

  2005年12月，东京证券交易所的一位经纪商以每股1日元的极低价格卖出了61万股J-Com公司股票，换算成美元，每股还不到1美分。可他的本意是每股单价61万日元。真是一场史诗级的悲剧。2001年，伦敦一位交易商卖出了市值3亿英镑的股票，而他的本意只是出手市值300万英镑的股票。这次交易失误在伦敦股票市场引发了巨大的恐慌，导致300亿英镑凭空蒸发。交易商在决定买进还是卖出时需要处理浩如烟海的信息，而在千钧一发之际，哪怕一点小小的干扰——电话铃的一声响，屏幕上的一次闪烁，或者是经手这些巨额财富时的激动心情都有可能让他们走神。最后，他们只能忙于应付各项指令，而无力处理所有信息。像股票交易这样的专业工作非常依赖一种基础认知技能，那就是工作记忆。

  工作记忆优势能为我们的生活提供强大助力。无论是日常生活，比如汇报重要工作，还是极端情况，比如从80英尺的巨浪上俯冲而下，在许多场景里，工作记忆都能派上用场。正是依靠工作记忆，我们的祖先不再为生存而挣扎，社会日渐兴盛。从以兽骨为武器相互残杀的野蛮世界到依靠智能手机彼此连接的现代社会，人类科技的进步也有工作记忆的功劳。如果工作记忆被忽视、超负荷运行或者遭到损坏，我们便处于巨大的劣势中。但如果有意识地用好并不断打磨它，就可以释放无限的潜能。我们编写本书的目的，就是向大家展示如何利用这一技能，拥有更好的人生。

过去十年涌现了大量与工作记忆相关的研究。这一认知技能快速吸引了大量研究者的目光，成为21世纪最受广泛关注的领域之一，而我们团队在其中发挥了领导的作用。我是特蕾西·阿洛韦（Tracy Alloway），我为教育工作者开发了一种标准化工作记忆测试，准确度很高，颇具开创性，长期致力于研究工作记忆在教育和解决学习困难中的作用。我的丈夫罗斯·阿洛韦（Ross Alloway）专注于开发改善工作记忆的练习，他创立了麦莫赛恩有限公司，并担任首席执行官，开发了工作记忆训练软件"丛林记忆训练法"。已有成千上万名学生使用这个软件。我们共同检验了工作记忆在不同语境中扮演的角色，比如它与年龄的关系、它和幸福的联系、它与说谎之间的相关性、诸如光脚跑步之类的运动对它的影响，以及脸书（Facebook）等社交媒体对它的影响。

什么是工作记忆？

工作记忆是我们处理信息的能力。更准确地说，工作记忆是对信息的有意识处理。所谓有意识，指的是专注于这一信息。我们对这一信息给予关注，就像用一束光照在上面，聚焦于它，或者做出与它相关的决定。工作记忆也可以是对无关信息的刻意忽略。比如，你在想着股票交易时，就会过滤掉电话铃响、同事的谈话声，甚至是100万美元交易带给你的兴奋感。所谓处理，则是指对信息的操作，如计算、格式化等。

空中交通管制员是需要强大工作记忆的典型工作岗位，他们的职责是保持空中交通安全有序。因为每小时都有数百架飞机起降，空中交通管制员必须有足够敏捷的思维来处理多种变量，包括设备情况、天气状况、交通量、与飞行员的准确通信，还要快速计算。在紧急情况下，他们必须瞬间做出决定，同时还要有效地自我解压，毕竟他们清楚地知道自己的工作与飞行员和乘客的生命安全紧密相关。

强大的工作记忆可以让我们在日常生活的许多方面都发挥优势。你可以一边看智能手机，一边为孩子们做煎饼，同时还能听你的妻子或丈夫讲话。你还可以在响个不停的电话铃和同事烦人的喧嚣声中，做完复杂的电子表格。良好的工作记忆还能让你克制查看球赛比分的冲动，专心与你的约会对象吃晚餐、聊天。

大脑中的工作记忆

在过去十多年中，科学家一直在使用先进的大脑成像技术来检测工作记忆在大脑中的功能。结果表明，工作记忆涉及大脑的许多区域。下图中画出了其中一些主要部分：

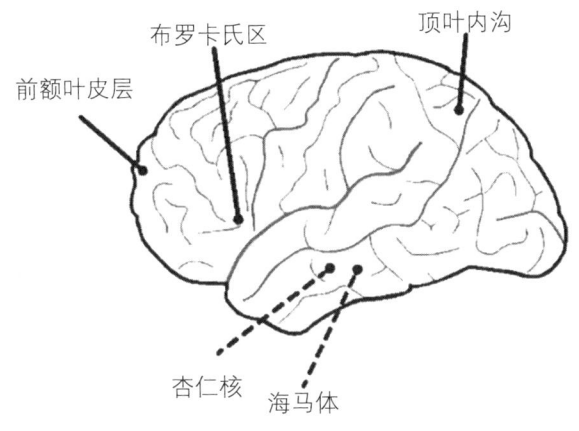

工作记忆涉及的主要脑区

前额叶皮层：前额叶皮层是工作记忆运转的核心区域。它位于大脑的前端，通过电信号与大脑的其他区域进行协调，并从这些区域接收信息，在工作记忆中加以利用。大脑成像扫描显示，工作记忆运转时，前额叶皮层会发光，同时与大脑不同区域互相传递并处理信息。前额叶皮层的主要功能就是工作记忆。虽然前额叶皮层是与工作记忆最为相关的区域，但需要注意的是，科学家还发现，当人们执行工作记忆任务时，大脑的其他区域也会被激活，例如顶叶皮层和前扣带回。

海马体：海马体将我们一生中积累的大量知识长期存储起来，也就是长期记忆存储区。通过使用工作记忆，我们可以浏览长期记忆中存储的所有信息，从中筛选出与手头任务最相关的部分。由此，新信息与存储的知识相结合，从而进入长期记忆中。

杏仁核：杏仁核是大脑的情感中心。当我们经历强烈的情绪（例如恐惧）时，杏仁核就会被激活。工作记忆管理来自杏仁核的情绪信息，防止其分散我们的注意力，因此对情绪控制也发挥着很重要的作用。如果电影院里有人大喊"着火了",工作记忆就可以帮我们控制来自杏仁核的恐惧情绪信息,让我们冷静有序地撤离,避免恐慌过度。

顶叶内沟:顶叶内沟位于大脑的背部上方,是大脑的数学中心。当我们进行计算时,比如选择最佳抵押贷款,或估算四分之一的汽油箱可以行驶多少英里,工作记忆就依靠这部分脑区来得到答案。顶叶内沟对数学技能至关重要,当研究人员用轻微电流使它休克时,实验参与者连做最简单的数学题(比如比较数字4和2的大小)都很吃力。

布罗卡氏区:布罗卡氏区位于额叶的左侧,涉及语言理解和口语流利度。当我们和朋友、家人、同事或喜欢的人交流时,工作记忆就会处理从布罗卡氏区发送的信息。你是才思敏捷的语言游戏高手,还是表达困难的"结巴",在某种程度上就取决于工作记忆能力的高低。我们曾在一场婚礼上目睹了布罗卡氏区的强大作用。当时伴郎起身发言,突然意识到自己把稿子落在车里了。多亏他的工作记忆和布罗卡氏区配合默契,他即兴给出了精彩又真挚的祝酒词,没有支支吾吾不知所云。

一些对工作记忆的误解

每次我们在演讲中介绍工作记忆时,总会有听众提问:"这不就是短期记忆吗?"其实完全不一样。短期记忆是指能在一段很短的时间内把信息保留在记忆中。比如聚会上某个人的姓名、职业,或者某本推荐图书的书名,一般情况下,这些信息在大脑中的停留时间很短，大约只有几秒钟，第二天我们就无法想起这些信息。工作记忆让我们能够使用这些信息，而不仅仅是短暂地记忆。

举个例子，在一次商务活动上，你认识了一名小型企业的咨询师凯斯，他说所有想创业的人都应该读一读斯马蒂库斯·麦克斯马蒂（Smarticus McSmarty）的《不可或缺的创业者》。你马上想起自己的朋友特蕾莎正在考虑新的创业项目，于是记下了书名，以便之后发消息告诉她。正是工作记忆让你从长期记忆中提取出"特蕾莎想要创业"这一信息，并把它和创业者必读书的新信息结合了起来。

工作记忆和长期记忆也不一样。长期记忆是我们多年以来积累的知识库，比如对国家的了解、随机发生的新闻、上学时发生的事情，甚至还有小时候电视上令人讨厌的广告声。这些信息会保留在长期记忆中，短则几天，长则几十年。

通过工作记忆，我们可以在大脑中找到某一信息，并加以充分利用。我们从长期记忆中提取这一信息，以供当下使用，之后再将它重新归档。工作记忆的机制和学习新语言的过程也很像，即把新信息转化为长期记忆。

工作记忆是大脑的指挥官

工作记忆可以被看作大脑的指挥官。管弦乐队的各种乐器需要乐团指挥来协调，否则就会演奏出刺耳的噪声——该弹钢琴的时候吹了短笛，小提琴的声音完全被打击乐的轰鸣声淹没。只有当指挥走上舞台，混乱才会转变为秩序。

同样地，工作记忆让我们得以控制住日常的信息轰炸，包括邮件、电话铃响、永远没有定数的日程、新的数学必修课、脸书好友发布的令人痛心的消息、新的网络推文、必须立马为一个潜在客户准备好的展示材料。这片信息海洋中每一条信息都同样重要，于是工作记忆这个指挥官就发挥了两个主要作用：

1. 对信息按优先级排序和处理，忽略无关紧要的部分，处理重要的内容；

2. 保留信息，供你使用。

全书中，在提到这两个作用时，我们可能会用"指挥官""工作记忆指挥官"指代工作记忆。

那么工作记忆指挥官究竟是怎么帮助我们工作的呢？想象一下自己是微软公司平板电脑业务部的中层经理马克。公司的平板产品销量正遭到iPad 700的碾压，因为iPad 700可以显示全息图，而用户也很喜欢从三个维度查看图片和电子表。你被派去参加一场会议，会上一位发明家拿出了一种名为FeelPad的平板电脑，该产品也可以放映全息图，使用者不仅可以看到图像，还能触摸图像。你完全被惊到了。但因为你的职位不高，会上通常没有人向你提问，你只是坐在那里默默被这个产品吸引。事情出现了转机。

比尔·盖茨转过身，直视着你。"马克，这个产品能给我们的平板电脑带来一些竞争优势吗？"

此时你才意识到盖茨把你错当成产品经理了。你感到大脑的"情感心脏"——杏仁核涌起一阵恐惧。你可以纠正他，但如此一来你的这份工作就别想做下去了。或者你也可以顺着提问说下去，看看会发生什么。于是指挥官接过大权，决定冒个险。因为你对FeelPad的技术了解不多，所以你只能根据刚刚听到的内容，讲讲这一技术的主要特点以及你对这一技术在未来市场上的前景预测，拼凑出一个回答。

"嗯，"你说，"我认为iPad 700的品牌认可度非常高，可以为苹果的销售带来可观的财务回报，但是如果FeelPad的这些功能可以实现，它也许可以成为我们真正摧毁iPad的武器。"

"很好，"比尔说，"苹果公司对这项技术也很感兴趣，开发者给了我们一天的时间来出价。你有十分钟来决定我们是否需要买下它。"

十分钟？你回到工位制定方案。做详细的议案是来不及了，但是时间足够收集最关键的技术信息、市场分析、编程问题，还有预算安排。你屏蔽了不断作响的电话铃声、闪烁的电子邮件通知、无聊的聊天声，对一份熟悉的产品上市计划书做出修改，给出了新方案。这份方案显示，只要配以合适的装机软件和病毒式营销策略，FeelPad就可能击垮iPad 700。比尔很喜欢你给出的方案，于是任命你为项目经理。一年之内，FeelPad凭一己之力扭转了微软的命运，你被提拔为新产品开发副总裁。恭喜你！

你的命运就这么被改写了，这是你的工作记忆指挥官发挥最高水平的成果。多亏它，你得以提取出已知的相关信息，比如已有的产品上市计划书，然后把它和新产品可能涉及的内容整合在一起。你还得以把精力集中在制订新方案上，屏蔽了其他干扰信息，比如电话铃响、办公室闲聊，还有你担心搞砸这个任务的恐惧。你得以把硬件、软件和财务数据牢记在心，还能将这些信息在记忆中保留足够长的时间，从而完成方案。

日常生活中的工作记忆优势

工作记忆让你能够管理从出生到黄金年龄每一天的信息。接下来，我们将从工作记忆的众多好处中列举几个例子，让你快速了解一下。在本书中，我们会做更详细的探讨。

信息优先级排序

训练有素的工作记忆可以帮助我们管理生活中浩如烟海的信息，比如邮件、短信、脸书状态更新、推文还有手机短信。我们的大脑会对所有这些数据进行处理和优先级排序，以便对最重要的部分做出快速响应，记住需要稍后处理的事情，并且有效筛除垃圾信息。

专注于重要的事情

生活中总是充斥着混乱，工作记忆可以帮助我们专注于真正重要的事情。瑞典卡罗林斯卡学院的托克尔·克林贝格（Torkel Klingberg）发现，工作记忆的重要特征之一是有选择地过滤掉干扰，让我们专注于有价值的信息。举个例子，在我们给本书作最后润色时，我们家的电路起火了，汽车坏了，只能被拖走，冰箱也罢工了，害得我们食物中毒，保姆因为家里有急事请假整整一周，两个闹腾的儿子为了吸引我们的注意，大吵大闹，让我们没法工作。工作记忆让我们得以应对这一系列紧急情况，在照看儿子的同时，快速切换回写作状态，并赶在截稿日期之前完成书稿。

快速思考

你收到面试通知，去应聘梦寐以求的销售工作。你事先做好了非常充分的准备，对这家公司本身、客户情况、竞争形势还有销售策略都做了调查。但是面试官莫名其妙地问了一个让你摸不着头脑的问题："您要在一个工业园区会见一位客户，这个园区有一个非开放式的停车场。您会把车停在哪里？""啊？"你愣了一下，然后工作记忆帮助你在记忆库中搜索，你终于想起来，面试官在面试时曾经提到她的车就停在出口旁边。你意识到她应该也会希望你把车停在同样的位置，于是你回答道："我会把车停在出口旁边。"恭喜！你得到这个工作岗位了。

聪明地冒险

当你权衡有潜在风险的事业的利弊时，指挥官可以帮助你瞄准最重要的信息，避免盲目跟风、随波逐流。例如，你买入了脸书的股票，但发行首日即大跌，正是工作记忆帮你决定是抛售股票还是继续持有。

更轻松地应对学业

每次孩子们走进教室，指挥官就开始了工作。它帮助孩子们排除干扰信息，比如身边同学的窃窃私语，从而让孩子们把注意力集中在手头上的事情，一步步完成任务。孩子们还可以通过工作记忆获取所有需要的已知信息来完成作业，比如数字和单词，而且能牢记这些信息，快速完成任务。

做决策

不管是快速分辨喜欢与厌恶，还是看场合采取合适的行动，都需要我们好好发挥工作记忆的作用。你可能没想到，对吸引力的判断也非常依赖工作记忆。当你看到酒吧另一头的某个人，你的工作记忆就会在海马体这个"名片盒"中快速搜寻，找出你认为好看的人的形象以供参考。然后你就会把这些信息提取出来，把这个人与脑海中的形象进行比较，并做出判断：这个人好看吗？判断自己喜不喜欢某一部恐怖电影的时候，也是相同的过程：屏幕上的这个怪物和海马体中存储的其他怪物形象相比是什么水平？

只要你在行动，工作记忆就处于有序运转中。如果你碰上交通事故，对方司机跳下车，气势汹汹地向你走来，工作记忆就会帮你快速预演一遍各种可能发生的情景，从而确定你是应该下车还是锁上车门报警。

适应新环境

你有没有好奇过，为什么有些人就算被裁员、离婚或者去遥远的新城市工作，也能快速找回原来积极的状态，有的人却跌跌撞撞振作不起来？正是因为前者的工作记忆非常强大，所以他们可以重新恢复到良好状态，更新职业路径规划，在经历多年婚姻生活后重新投入约会中，在新家庭中重启新生活。如何做到这些？在工作记忆的指挥下，你得以顺利地转换想法，以不同的方式看待世界，并以新视角思考旧的信息。

为长远目标奋斗

假设你是一名大学生，想成为律师，进入顶级律师事务所。为了达到这个目标，首先你要通过法学院入学考试。好消息是，想在这门考试中取得高分，认真备考确实有用。因此，只要你努力学习，就可以考出好成绩，进入一所顶级的法学院，从而达到最终目标。在工作记忆的帮助下，你会把这个目标牢记在心，就算有朋友邀请你一起去聚会，你也能心无旁骛埋头苦干。工作记忆能让你下定决心拒绝他人的邀约。

在困境中保持乐观

你的大脑可以把情绪分类为相关情绪和不相关情绪。杏仁核是大脑的初始情绪中心，它会释放恐惧和焦虑情绪，指挥官会对这些情绪信号进行解析，然后调节这些情绪，让我们把注意力集中在积极的想法上。本书在后文中会介绍马里奥·塞普尔韦达（Mario Sepulveda）的故事，他是2010年一次智利煤矿坍塌事故中生还的30名矿工之一，当时他用自己的幽默防止了队友陷入混乱。即使身处地底，在最阴暗的日子里，马里奥也能把注意力放在未来，保持乐观。

遵从道德指引

良好的工作记忆可以帮助你在工作、社交，甚至爱情中做正确的事。别人也许会迷失自我，但你可以保持忠诚。研究表明，拥有强大工作记忆的人在感情中更能自控，会把自己所处的关系牢记在心中，在关系面临威胁时做出正确的选择，比如出差遇到迷人的同事时懂得约束自己。相反，工作记忆弱的人更难抵挡住出轨的诱惑。

成为更好的运动员

有时候，强大的工作记忆可以成为你最好的搭档。假设你是网球运动员，当网球打到你这一侧时，你会怎么接？正手打斜线，反手落底线，吊高球，还是放小球？通过工作记忆，你可以筛选出最合适的打法，同时牢记对手在球场上的位置。你的工作记忆处理信息的速度越快，你击中球的可能性就越大。

工作记忆与智商，谁的优势更大？

近一个世纪以来，社会一直把智商作为衡量智力的首选标准。人们普遍认为，智商越高，越能把所有事情都做好。但是拥有高智商并不代表想要什么就能得到什么。相反，一些智商低于平均水平的人也可以成为商界大佬、畅销书作家、善于创新的发明家，为什么？事实上，智商不是智力的最佳衡量标准，也不是成功人生的最佳预测指标，尤其是在如今的21世纪。

现代智商测试起源于20世纪初期。1917年，随着第一次世界大战越发激烈，美国陆军邀请大名鼎鼎的美国心理学会主席理查德·耶基斯（Richard Yerkes）开发一套试题，用来测量近300万名新兵的智力。他们想知道哪些人可以当军官，哪些该降级。耶基斯设计了测试题，检验新兵的常识和词汇知识，或者说是他们掌握的具体化知识。

但是在战争期间，没有什么事情会按计划发生。如果不能针对敌人的战术随机应变，就只能失败。这种情况下，诸如卢瑟福·海斯（Rutherford B. Hayes）于1876年当选为总统，或者俾斯麦是北达科他州的首府这类的信息，并没什么实质性用处。许多身居高位的人惨遭失败，一些职位较低的人反而显现出卓越的军事头脑。军方很快意识到，用耶基斯的测试无法选出合适的军官，就在半年后放弃了这个测试。但是，社会其他领域沿用了这一标准，即用人们所掌握的具体化知识来衡量智力，当今流传的智商测试和当时耶基斯的测试没有很大差异。这是个大问题。

由于谷歌等搜索引擎的出现，信息搜寻、筛选和提取的方式发生了翻天覆地的变化。我们生活在谷歌时代。在认知方面，谷歌带来极大的便利，大大减少了我们在搜寻所需事实时所投入的智力资源。有了谷歌，那些有赖于智商和传统概念中的智力所获得的具体化知识，也就是对事实、日期、名称等信息的记忆，就不再那么重要了。只要点几下鼠标，就能找到所需的几乎所有信息。如今智力的核心是能否将事实整合、按优先级排序，并进行建设性利用。管理这些信息所需的技能就是工作记忆。智商指的是我们知道些什么，而工作记忆则是我们能用知道的信息做些什么。

我在早先的一项研究中，将学生的成绩、智商和工作记忆分数进行了对比。我发现，在预测成绩上，工作记忆的准确度比智商高很多。事实上，如果知道学生的工作记忆分数，我就能以高达95%的准确度估算出对方的成绩。在第五章中，我们对这项研究以及其他相关研究会有更详细的介绍。这些研究表明，相比智商，在课堂学习中工作记忆会给你带来更大的优势。在那一章中我们会了解到很多神奇甚至惊人的发现，以下是几个例子：

·良好的工作记忆对学业表现帮助最大，与成绩存在因果关系；

·高智商学生不一定拥有良好的工作记忆；

·智商处于平均水平甚至高水平的学生，在学业及其他方面不一定能取得成功；

·智商与贫富有关，但工作记忆和贫富没有关系。在这一点上，工作记忆扳回一局。

相关的研究还表明，工作记忆的影响范围远不止成绩。本书用大量全新论据证明，工作记忆的水平对许多领域的成功与否都起到至关重要的作用，比如你是否有毅力朝着长期目标努力，你会将装有半杯水的杯子看作是半满还是半空，它甚至决定着你是否能在减肥过程中对垃圾食品说"不"。

削弱工作记忆的因素

坏消息是，在当今快节奏的"24/7[①]"社会，许多因素会削弱工作记忆。当工作记忆无法全速运行时，我们就会处于极大的困境中。

---

① 24/7，指一天24小时、一周7天的缩写，即全天候不间断地提供服务。——译者注

信息过载

工作记忆没有正常运转时，我们可能会被数据洪流淹没。一位名叫托德的连续创业者[①]曾差点为此付出巨大的代价。他35岁，是一个3岁孩子的父亲，习惯于硅谷高科技初创公司疯狂的工作节奏。他每天坐在4块电脑屏幕前，邮件、即时消息、网页、推特的新信息提醒声不绝于耳。他的客户经常打电话到他家里的办公室，他还时不时要照看孩子，智能手机不能离手，在家庭和工作之间不断切换。一年多来，托德一直想把自己的公司卖掉。后来一家美国东海岸的大公司发邮件说有兴趣收购时，他却在一片混乱中漏看了这封邮件，直到一个星期后才发现。要不是某天晚上他回头翻看信箱，那大概就要损失这笔200万美元的交易了。

即时满足的诱惑

如今是一个"我现在就要"的社会，人们总是渴望自己的需求能即刻得到满足。我们追求转瞬即逝的快乐，于是冲动消费，在节食时吃掉整袋的薯条。在做这些决定时，工作记忆被抛到了九霄云外。我们选择更小更快的回报，而不愿等待更大更好的成果，譬如可观的存款或是纤细的腰线。

时间限制

在受挤压的有限时间之内，工作记忆负担加重，我们更容易屈服

[①] 连续创业者，指一位在多个领域或行业中创立或投资多个公司的企业家。——译者注

于冲动，比如限时优惠，或者在有限时间里答题，甚至收到来自恋人"不订婚就分手"的最后通牒。在第二章中，我们会以网购为例，看看紧迫的时间是如何压垮工作记忆，最终让我们花更多的钱冲动购物的。

压力

压力也会让工作记忆超负荷运转，影响我们在工作学习甚至篮球场上的表现。例如，一位高中明星篮球运动员知道接下来的这场比赛对他至关重要，因为大学的球探就在现场，这是给对方留下深刻印象的唯一机会。比赛进行到最后一刻，需要一记三分球一决胜负。此时他却失手了，球从篮网边落下，比赛结束。这位运动员的大学奖学金没戏了。

退休

如果你心怀幻想，期待着有一天告别朝九晚五的枯燥生活，迎接美好的退休时光，那么不好意思，我们得戳破这个"泡沫"了，因为退休会让人变笨。退休不仅标志着工作量的降低，也意味着思考的减少。随之而来的是工作记忆的衰退。

疼痛

如果你经历过车门夹手，或是沸水洒落在膝盖，那你肯定明白，在疼痛中很难清晰地思考。科学家发现，疼痛可能会干扰工作记忆，背痛、膝盖酸痛等慢性疼痛也不例外。

浪漫

浪漫和工作记忆有什么关系？2012年，都柏林圣三一大学的杰弗里·库珀（Jeffrey Cooper）等研究人员发现，前额叶皮层对陌生人之间的吸引起着重要作用。他们随机找来19—31岁的被试，向他们展示了潜在伴侣的照片，并扫描他们的大脑。在看到某些照片的时候，被试前额叶皮层的某些部位会突然活跃。在之后的速配活动中，研究人员发现被试前额叶皮层中的活跃度越明显，他和对方再次约会的意愿越强烈。如果初次见到某人时，你发现自己的工作记忆超时运作，那么很有可能你会愿意碰碰运气，向对方提出约会邀请。

荷兰拉德堡德大学的约翰·卡雷曼斯（Johan Karremans）最近进行了一些研究，结果令人激动，这项研究解释了为什么男性在遇见心动的女性时常常语无伦次。他发现，男性在与漂亮的女性简短交谈后，工作记忆测试得分会变低。有趣的是，女性在与帅哥交谈之后，她们的工作记忆并没有受到这种吸引的影响。卡雷曼斯的解释是，传统的性别角色下，男性要主动与潜在伴侣进行对话，所以他的工作记忆负担会变重。

游戏、抽烟、暴食

那些让人又爱又恨的不良爱好，无论是哪一种，都可能会让工作记忆宕机。良好的工作记忆能够抑制自毁性的习惯。但太过频繁地进行这些成瘾性的活动会导致大脑结构的变化，即大脑不再阻止成瘾的欲望，相反，脑部的某些区域将联合起来，借助工作记忆来满足这些欲望。

如何提高工作记忆水平

5年前，人们一直以为工作记忆是固定不变的，会一直保持出生时的水平。但是研究表明并非如此。可以把工作记忆想象成橡皮筋。有些橡皮筋比较宽，有些比较细，但是都可以拉伸开来。同样地，由于遗传的原因，我们出生时的工作记忆水平可能有高有低，但是几乎每个人都可以像拉伸橡皮筋一样，通过后天努力提高工作记忆水平，更好地帮助我们生活。

我们用罗斯开发的工作记忆训练软件"丛林记忆训练法"在学生中进行试验，得出的结论是工作记忆水平是有可能大幅度提高的。以小女孩贾斯敏为例，原先周围的人总是让她"再努力一点"，但哪怕尽最大的努力，她还是跟不上学业，在家也不能理解妈妈的指令。后来她被诊断出存在工作记忆缺陷。在使用了8周"丛林记忆训练法"以后，她的工作记忆显著加强，工作记忆水平提高了800%以上（太了不起了！），还在学校拿了奖。

我曾给有阅读和数学障碍的学生做过工作记忆临床测试，也见证了"丛林记忆训练法"的显著成效。经过8周的"丛林记忆训练法"常规训练后，他们的工作记忆水平表现出惊人的进步。更令人兴奋的是，他们的成绩也整整提高了一个等级，比如从C等提高到B等或者从B等提高到A等。另一项研究表明，8个月后，他们的工作记忆水平并没有回落。

全书中,我们会介绍许多简单的工作记忆训练方法,读者可以一边阅读一边开始锻炼工作记忆啦。在本书的最后,我们提供了工作记忆速查手册,你可以随时拿来练习,以保持良好的工作记忆。

在接下来的章节中,我们在第一部分会根据十多年的研究和实践经验,来谈谈为何工作记忆在生活中这么重要,以及它在我们日常工作、享受生活、学习知识、克服成瘾行为习惯以及体育运动方面发挥的作用。在第二部分,我们会介绍工作记忆如何随着年龄增长而变化,还会用一些振奋人心的研究成果来说明在晚年保持良好的工作记忆是可行的。我们还会介绍一些增强工作记忆的具体方法,包括最有效的大脑训练项目、饮食建议(其中有些食物你可能完全想不到),以及一些很简单但效果显著的日常习惯。第三部分则对未来进行畅想,设想社会规划将如何最大程度地调动工作记忆,并回顾工作记忆在人类进化中的贡献,介绍一些颇具开创性的研究。

测测你的工作记忆

接下来有两个快速测试,可以让你大致了解一下自己工作记忆的水平。

测试一

以下是一列由三个字母组成的单词。先不要偷看!请一位朋友帮忙，用这个单词列表来帮你完成测验。在第1级，请你的朋友大声朗读两个单词，比如cat和bat。你需要记住这两个单词，把它们的字母顺序反转，然后把两个单词按倒序念出来，即tab和tac。在第2级，要按同样的要求念三个单词。在第3级，要按同样的要求念四个单词。大多数人完成第1级都没有问题，但是完成第2、第3级就需要比较强大的工作记忆了。

单词列表

第1级	第2级	第3级
Dog	Bun	Dab
Lid	Car	Pig
	Tip	Top
		Net

测试二

第1级

1. 下图是一个金字塔形状。记住字母和带有字母的最小三角形的位置。

2. 现在观察下图。图中物体名称的单词拼写首字母和上图三角形里的字母一样吗？

3. 下图是另一个金字塔形状。记住字母和带有字母的最小三角形的位置。

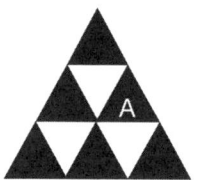

4. 现在观察下图。图中物体名称的单词拼写首字母和上图三角形里的字母一样吗？

5. 现在按照字母出现的顺序，在对应的最小三角形上画箭头。

第2级

按照第1级的要求完成以下题目。

1. 记住字母和带有字母的最小三角形的位置。

2. 图中物体名称的单词拼写首字母和上图三角形里的字母一样吗?

3. 记住字母和带有字母的最小三角形的位置。

4. 图中物体名称的单词拼写首字母和上图三角形里的字母一样吗?

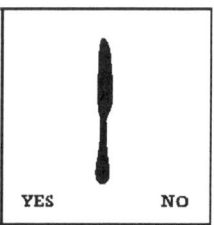

5. 记住字母和带有字母的最小三角形的位置。

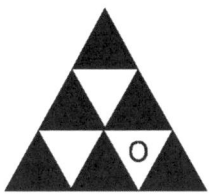

6. 图中物体名称的单词拼写首字母和上图三角形里的字母一样吗？

7. 现在按照字母出现的顺序，在对应的最小三角形上画箭头。

第3级

按照第1级的要求完成以下题目。

1. 记住字母和带有字母的最小三角形的位置。

2. 图中物体名称的单词拼写首字母和上图三角形里的字母一样吗?

3. 记住字母和带有字母的最小三角形的位置。

4. 图中物体名称的单词拼写首字母和上图三角形里的字母一样吗?

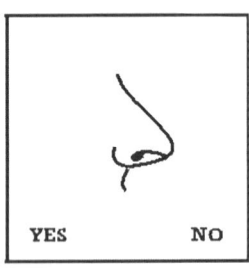

5. 记住字母和带有字母的最小三角形的位置。

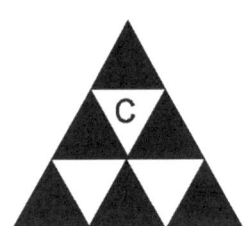

6. 图中物体名称的单词拼写首字母和上图三角形里的字母一样吗?

7. 记住字母和带有字母的最小三角形的位置。

8. 图中物体名称的单词拼写首字母和上图三角形里的字母一样吗?

9. 现在按照字母出现的顺序，在对应的最小三角形上画箭头。

计分

你可以按正确顺序记住的字母数量，体现了你的工作记忆水平高低。大多数成年人能够正确完成第1级和第2级。基于几千人的样本数据，5岁左右的小孩可以同时记忆并处理两件事情，而大多数成年人可以记住4—5件物品的正确顺序。

如果你的测试结果不太好，不要沮丧，工作记忆水平是可以提高的。如果你的测试表现不错，也不要自鸣得意，你需要不断挑战已有水平，让工作记忆保持最佳状态。大脑练习（比如本书中的练习）有助于优化你的工作记忆。

第 二 章

工作记忆——取得成功的关键要素

我们用大量时间研究了工作记忆指挥官失控的后果——竭尽全力却跟不上学业、沉迷赌博、暴饮暴食、拖延工作，等等。工作记忆超负荷运作也会让我们脾气暴躁、心猿意马（哪怕你已经找到了那个他/她）。无论做什么，工作、学习、运动或是节食，工作记忆都至关重要，因为我们有赖于它来调动完成一切所需的重要技能。为了更好地理解工作记忆的运作及其好处，我们将在本章中从生命的最典型特征——意志（即我们自主选择、行动、执行计划，并为所做的事情承担责任的能力）入手，着重分析这一系列的重要技能。

工作记忆与意志

意志是工作记忆带给我们的最重要的优势。有了意志，我们才有可能追求想要的一切：考某所大学，学某个专业，追求心仪的对象，为事业执着努力，等等。那么，工作记忆何以对运行意志至关重要呢？意志若要发挥作用，有很多条件：评估、安排并执行计划，将长期目标牢记于心，克制冲动，克服困难，等等。所有这一切都与工作记忆息息相关。

我和罗斯曾在萨尔瓦多执教，那里的治安臭名昭著；也是在这段经历中，我们对工作记忆和意志之间的关系有了深刻的认知。当时，那里连杂货店都有保安把守，他们身上备着枪，站在牛奶货架旁边，顾客进店购物前，他们会在专门的区域检查枪支和外套。很快，我们就意识到了环境之危险，也迅速学会了以极为客气的方式与人相处。

离开的前一天，我们正开着车，路上车水马龙，突然一辆汽车急转弯停在我们前面。罗斯在驾驶位上，看见那辆车里挤满了人，其中一个手里拿着枪。他只好闭上了嘴。我坐在副驾座位上，目光被挡住，没有看见枪，再加上扑面而来的红色尘雾，我用全世界通用的手势清楚地表示了不满。所幸这些人没有注意到我的动作，或者没有理我，我们得以安然无恙地继续上路。

对同一件事，罗斯和我的反应完全不同。这个例子典型地诠释了意志是如何运行的。加州大学洛杉矶分校精神病学和生物行为科学教授华金·富斯特（Joaquin Fuster）曾经对此进行过描述。他说在这一过程中，意志需要同时密集处理三类信息：

·内部信息——荷尔蒙水平、情绪、情感、身体器官传递的信号；

·外部信息——由身体感官持续传递的信息流；

·原则体系——信息——语言、记忆、价值观、文化、公序良俗、制约我们的法律。

工作记忆指挥官摄入全部信息，对信息进行归类，决定行动方案，最终执行方案。现在我们来看看如何用富斯特的模型解释我们的经历。

罗斯猛地一刹车，此时他的工作记忆指挥官迅速对三类信息进行了处理：

·内部信息——他的杏仁核非常生气，并向他的工作记忆传递了这一信号；

·外部信息——还没来得及开骂，他的工作记忆让他看到了枪支，以及对方的人多势众；

·原则体系——文化意识让他明白咒骂可能会招来暴力（虽然他很难接受，但他不得不承认一旦引发枪战，除了结结巴巴的西班牙语，他没有别的武器）。

他的工作记忆权衡了所有信息后得出结论——做出回应对他并无好处，于是下达了闭嘴的指令。

我们再来看看我这边发生了什么。我的工作记忆指挥官也在忙着处理信息：

·内部信息——与罗斯一样，我的杏仁核也向前额叶皮层传递了生气的信号；

·外部信息——请注意，与罗斯不同的是，我并没看到枪支，也不知道车上的人数，我只看到车被逼停，但没有接收到与罗斯相同的外部信息；

·原则体系——我坚信罗斯有限的双语能力足够应对任何后果。同时在伦理上，我认为我们受到了不公的对待，需要伸张正义。

我的意志迅速权衡了所有信息，并决定激烈回应以示愤怒。

意志的运行是一个复杂的过程。除了谨慎权衡，它还涉及信息评估、情绪调节、战略抉择等一系列复杂动作。指挥官让我们得以从所有信息中进行筛选，从而制订计划。有时候，果断出击也许是最佳的选择。

假设你为新一期的营销活动想到了一个你觉得值得推广的创意，你很兴奋，并将创意告知了直属上司凯西。第二天，你无意中听到凯西向营销总监汇报了这个创意，抢走了你的功劳。你是默默忍受还是站出来维护自己的权益呢？逆来顺受的话，可以和上司和平相处，但意味着在可预见的未来，你只能继续在这个小小的工位打杂。若向营销总监报告，也许会惹恼凯西，但可能让你升职加薪，搬进独立办公室。最后你决定为此一战。工作记忆激发了你的战略思维。最终，你想出了一个巧妙的法子，既让总监知道你的功劳，又避免让凯西难堪。

延迟满足

能够延迟满足的人在生活中会更有优势。赚快钱、走捷径固然轻松，却会因此错失耐心带给我们的奖赏，在本章中我们将会了解工作记忆是如何让我们实现长期目标的。但凡体验过职场"打怪升级"的人都知道，想要升职，既要有所为，又要有所不为。如果想上夜校课程提升工作能力，就得放弃和朋友去酒吧畅饮；如果要为周一的会议做准备，周日就不能赖在电视机前没完没了地看足球赛；如果不想在周一以"节后综合征"为由请假，周末就不要"疯"得太过头。暂时放弃眼前的乐趣，追求未来更高的回报，这是一种能力，对成功至关重要。但我们都知道，人性恰恰与这种能力背道而驰。著名行为经济学家、心理学家乔治·安斯尔（George Ainsle）在决策和冲动控制领域做过大量理论研究。1975年，他汇总研究结果，发现人们倾向于即时享受较小的奖励，而不愿意花时间等待更大的奖励。其中一项研究给参与者两个选择，即刻拿到11美元的酬金，或是延迟拿到酬金，但金额上涨到85美元。结果表明，大家更愿意选择前者。

华盛顿州立大学的约翰·欣森（John Hinson）及其他研究人员的研究成果显示，在延迟满足的过程中，工作记忆功不可没。他们发现，如果将工作记忆从决策过程中移除，人们普遍会选择较小的即时奖励，而不是等待更好的回报。在实验中，欣森通过输入大量信息，让被试的工作记忆超负荷运作，然后让他们在两个选项中做出选择：即刻获取100—900美元不等的小额奖金，或是延迟获得时间，但奖金提高到2000美元。此时，被试的工作记忆已经无力从长远角度评估哪个选项更有利。最终，他们听任内心的冲动，选择了即时获得小额奖金。

伦敦大学学院的贝内代托·德·马蒂诺（Bennedetto De Martino）也在研究中得出了相同的结果。他关注的是人们在意志作用下等待更好回报的过程中，大脑活动是如何运作的。他为参与者提供了一系列风险情景，然后用功能性磁共振成像扫描他们的大脑。他发现，人们选择小额但确定可得的奖励时，其实并没有真正做过权衡。大脑中的情感中心杏仁核亮起，他们不假思索地做出了更容易的选择。但如果参与者控制冲动并选择更好但确定性较低的奖励，亮起的则是工作记忆运转的核心区域——前额叶皮层。

有些参与者的杏仁核被激活得更明显，意味着他们的情感反应更显著、更强烈。看起来似乎这些人更有可能选择即时满足，但是德·马蒂诺的数据显示，情感强度与即时满足的倾向并不正相关。真正影响他们选择的其实是工作记忆的强度。前额叶皮层激活程度较低的人，更容易冲动；激活程度越高的人，则更有可能做出明智的选择。

心理学家沃尔特·米舍尔（Walter Mischel）在长达数十年间进行了一系列研究。从1968年著名的棉花糖测试，到2011年发表的最新发现，他的研究也证明了我们的工作记忆指挥官拥有延迟满足的能力。20世纪60年代，他在斯坦福大学的实验室招募了600多名4—6岁的儿童，答应给每人一颗棉花糖。他告诉孩子们，他要出去一会儿，如果他们有耐心等他回来，就能得到一颗额外的棉花糖；如果等不及，可以敲响留在桌子上的小铃铛，他会马上回来把约定过的那颗糖拿给他们吃。有些孩子迫不及待地敲响铃铛，把糖塞进了嘴里，另一些孩子则抵制了诱惑，获得了两颗糖的奖励。

当时米舍尔与他的同事们并没有将棉花糖测试当作一场针对工作记忆的实验，但现在我们可以看出其中许多相符之处。譬如，牢记目标和更大的回报，避免分心，做计划，有策略地转移注意力，等等。如今我们对工作记忆已经有一些了解，知道一个孩子管理信息的能力很有限，如果眼前摆着一颗美味松软的棉花糖，他们是很难抵制诱惑的。

为了克制迅速"消灭"棉花糖的冲动，孩子们不得不调动工作记忆指挥官来转换视线或转移注意力。他们用了各种方法让自己不去关注那颗松软的棉花糖，有的躲在桌子底下，有的捂住眼睛，有的背过身坐着，还有的唱起了歌。

随后的数十年里，米舍尔一直追踪着这些孩子的情况，研究延迟满足的能力是否给他们带来了优势。例如在1990年的后续研究中，他将孩子们的美国学业能力倾向测试得分与最初实验中的表现进行了对比。他发现，孩子愿意为得到第二颗棉花糖等待的时间越长，其学业能力倾向测试得分就越高。

2011年米舍尔与他的同事们发表了新的论文。在这次研究中，他们对这批孩子做了追踪测试。如今他们已年届四十，其现状是否还和孩童时期的实验表现一致呢？他们找来那些当年体现高延迟能力（能抵制眼前棉花糖的诱惑）的人，还有那些很快缴械投降的人。在第一场测试中，工作人员向这些参与者展示一系列人脸图片。每张人脸表情各异，有高兴、恐惧、面无表情等。被试在看到高兴的表情时需要按下电脑空格键，对于恐惧或者面无表情的人脸则不按键。这一次，两组参与者的表现接近。在第二场测试中，被试需要在每次看到恐惧的表情时按空格键，看到高兴的表情则不按键。对笑脸做出回应是人类的本能，因此在第二场测试中，参与者需要抑制这种本能。结果表明，小时候不能延迟满足的人，长大以后也难以克制对笑脸的回应；而从小就可以延迟满足的人，更能够控制自己的冲动。

为了弄清楚大脑的运作，研究人员在被试进行表情测试的同时也对他们的大脑进行了扫描。高延迟能力的参与者看到笑脸，抑制住冲动不去按空格键，同时他们的前额叶皮层开始活跃。而低延迟能力的参与者前额叶皮层的活跃度相对较低；在完成这个任务的过程中，他们使用的是大脑的另一个区域——与人类的本能反应有关的纹状体。

米舍尔的论文没有详细描述参与者的事业成就，但有趣的是，高延迟能力的参与者在专业领域的确更有成就。卡洛琳便是其中之一。她获得了普林斯顿大学的博士学位，现在是大学心理学教授。克雷格是其中一位低延迟能力的被试。他后来搬到了洛杉矶，是个什么都干的万事通，但至今还没找到正儿八经的职业。他说："当然，我希望自己是个更有耐心的人。现在想起来，如果某些时候我更有耐心一些，现在的状况会好很多。"

2007—2008年的金融危机就很好地说明了满足于即时诱惑带来的惨痛教训。为了诱使购房者不假思索地下单，住房市场推出了一个在短期内看来极具吸引力的购房优惠。于是购房者的工作记忆就短路了，买的房子越来越贵，却不考虑经济上的压力以及房价下跌的后果。他们没能抵挡住快速获利的诱惑。

此次金融危机的元凶——信贷市场超额认购，同样为消费者提供即时的满足感。想买那辆新车，但没有现金？不用担心，直接全价买入，只要接下来的60个月每月付款就行。手头没有6000美元，但必须拥有那个路易威登的包包？没问题，只要用年利率18%的信用卡付款购买就行。今天有大赛直播，现在马上就想要台高清电视观赛？分期付款考虑一下，只需10%的月利息即可。

销售员的巧舌如簧往往会干扰工作记忆，使我们处于困境。我们经常会冲动买下诸如玛格丽特鸡尾酒自动调制机、福特探险者埃迪·鲍尔版汽车之类的昂贵而不实用的东西。大家有过网购花钱超预算的经历吗？当然都有，原因是线上竞拍会使工作记忆过载。假设你在竞拍一套家庭娱乐系统，在当地的大卖场你可以以650美元左右的价格买到全新的。但你在网上找到了一个49美元起拍的二手系统。你想，这是个不错的交易。于是你开始出价。

每次有人出价，你的工作记忆指挥官都得根据新的价格重新权衡交易是否依然划算，或者算上运费，再考虑到不保修，这件商品是否仍值这个价。同时，指挥官还要抑制杏仁核的兴奋（这个情感中心总是急切地想让你赢）。最后，拍卖进入倒计时，留给工作记忆处理所有变量的时间越来越少。最终，你花了500美元买下一套可能已经损坏并且没有保修的娱乐系统。

汽车经销商也会使用同样的策略。他们将你置于高压之下，给你一组不断变化的数字让你反复计算，操控你的情绪。"如果我向老板申请到折扣，你保证会下单吗？"然后给你一个限时报价。最终，你会开着新车离开。直到最后坐在方向盘前那一刻，你也没有弄明白为什么明明超了预算，却买了一辆连颜色都不喜欢的车子。

心理学家伊蒂尔·德罗尔（Itiel Dror）曾经做过一项实验。结果表明在限时折扣的刺激之下，我们容易冒更大的风险。他让参与者在实验中玩简版二十一点。每人每次拿一张牌。牌的点数即牌的分值（红桃7相当于7分），分值可以累加。游戏的目标是不让手中所拿牌的累计分值超过21分。总分越高，下一手牌爆分的可能性就越高。因此，一般情况下在拿到差不多分值之后，参与者就会停止抓牌。每位参与者需要玩两遍同样的游戏。

在第一遍中，参与者有充足的时间决定是否要拿下一张牌。在第二遍中，他们没有时间权衡，必须迅速做出决定。德罗尔发现当人们被迫快速做出选择时，他们的决策往往是错误的。所以，即便手上的牌已经有相当高的分值，譬如18分，他们仍然会不顾爆分的危险再拿一张牌。但假如没有时间压力，在分值已经较高的情况下，他们就会保守很多。

具有讽刺意义的是，心理学家发现在即时满足的引诱之下进行的冲动消费并不能给人带来很大的快感，因为随之而来的是买单的痛苦。为了重新获得转瞬即逝的刺激，我们只能再次刷卡购买新的包包或某个新的小玩意。最终，我们会陷入通过购物获得刺激的死循环。东西越买越多，债务也越背越重。假如人们真正理解"债台高筑，享用无门"这条购物金律的含义，也许就不会举债消费。

在生活的许多领域，拥有延迟满足、合理分配注意力的能力都至关重要。工作记忆能时刻提醒你第二天的重要考试以及即将截止的课题，让你能够果断拒绝约会、派对以及同事的畅饮邀请。工作记忆也可以让你克制住消灭伴侣盘中的芝士千层面的冲动，牢记3周后的海岛蜜月之旅，继续执行你的减肥计划。和上一章一样，好消息是：工作记忆不是一成不变的，我们可以通过后天努力增强延迟满足的能力，过上我们真正想要的美好生活。

专注和多线程工作

工作记忆的另一个作用是保持专注,这在学习中非常重要,无论是在学校还是在职场中都会起到很大的作用。为了集中注意力,我们的工作记忆指挥官会牢记目标,避免走神。当然,在如今这个邮件永不停歇、消息源源不断、电脑窗口不停切换的时代,要做到专注是越来越难了。

北卡罗来纳大学的迈克尔·凯恩(Michael Kane)团队在2007年进行了一项研究,衡量工作记忆能在多大程度上帮助人们坚持完成一些高难度的任务。该研究有力地证明了工作记忆对保持专注的显著作用。研究人员招募了100多名年轻人参与工作记忆测试,要求他们详细记录一周内走神的情况。他们发现工作记忆较弱的人经常分心。任务难度越大,分心便越明显。相反,那些工作记忆分数较高的人则可以更好地保持注意力。

注意力分散并非保持专注的唯一障碍。如今我们越来越需要多线程工作,而研究显示多线程工作会加重工作记忆的负担,并让它崩溃。

让我们一起看看多线程工作时的大脑活动。现在是周三晚上七点,你在帮你的女儿玛莎完成一个有关长除法的家庭作业。你已经25年没有接触长除法了,这项任务并不轻松。为了解决问题,你的大脑在顶叶内沟和前额叶皮层之间来回发送信号。

突然,手机里的邮件提示音将你从长除法里拽了出来。工作上有重要事情需要你帮忙,你得尽快给他们提供一些重要信息。你将长除法置于一旁,火速回复了邮件。处理完公务后,你再回头关注长除法。

心理学家们将这一技能称为任务切换。日内瓦大学的皮埃尔·巴鲁耶（Pierre Barrouillet）在2008年进行了一项心理学研究，试图解释在任务切换的过程中工作记忆所受的影响。研究表明任务切换与工作记忆能力紧密相关。被试需要参与一项数字测试。电脑屏幕向被试展示红蓝两种颜色的数字。如果数字是红色，被试需要判断它是大于5还是小于5；如果数字是蓝色，则需要判断它是奇数还是偶数。在正式开始前，参与者有一次试测的机会来熟悉两种任务的不同规则。

在这一过程中，巴鲁耶可以观测"红""蓝"两种任务的切换是否会影响参与者的成绩。在单纯处理红色任务时，他们的表现没有问题；一旦需要在两种任务之间快速切换，就出现了工作记忆过载的状况，此时他们完成任务所需的时间明显加长，错误也更多了。

如今，一个严酷的事实是：很多时候，我们无法完全把注意力从一件事完全转移到另一件事上，但又不得不同时处理两件事情。譬如，在开家长会的同时，不得不回复一封工作邮件；或者在上班路上开车上匝道的时候接到孩子的老师的电话。工作记忆可以让我们同时做两件事情吗？同时处理两件事的工作效果会比专注于一件事的效果更差吗？这得看具体情况了。

2010年，犹他大学的贾森·沃森（Jason Watson）和戴维·斯特雷耶（David Strayer）对200名参与者进行了多任务处理能力的测试。参与者需要在驾驶模拟器上开车，同时使用免提电话通话。为了增加任务难度，他们还需要听一段由一系列单词及若干数学题组成的录音。这项任务对头脑敏捷性提出了很高的要求。参与者需要调动工作记忆，从大脑的长期记忆中提取信息来解决问题。同时，他们还要记住一系列的单词及其顺序。此外，他们还得应对驾驶模拟器上的交通状况。

在需要调动工作记忆处理多项任务的时候，200名参与者中大部分人的驾驶水平都有所下降，刹车的反应变得迟钝，几乎撞上前面的开道车。在开车的时候考虑工作上的问题，在没有GPS的年代努力辨认纸上潦草的地址，试图找到方向——这些情况都会影响到你的驾驶。实验结果很清楚地说明，同时执行多个任务会让我们的表现变差。沃森和斯特雷耶还发现，大多数人可以同时处理两件事情。超过两件事情，你的工作记忆指挥官就有可能掉链子。

早在20世纪80年代，科学家就已经知道同时做两件事情的结果是两件事情可能都完成得不尽人意。但是沃森和斯特雷耶的研究还有一个惊人的发现——这一规律并不适用于所有人。工作记忆得分最高的参与者不但可以同时开车和做题，而且两件事的完成质量都很好。他们的工作记忆足够强大，面对事情从容不迫。沃森和斯特雷耶将这些人称为"超级工作者"。如果我们提高工作记忆，也可以接近他们的水平。

信息管理

信息过量，是工作记忆面临的另一个挑战。信息过量可能会严重影响工作记忆的表现。

这一点得到了华盛顿州立大学研究人员的验证。他们进行了一项有趣的研究，探究信息过量对财务决策的影响。研究中，被试需要参与一个赌博游戏。他们在被试面前放了四沓牌。抓到某些牌可以赢钱，而有些牌则代表着输钱。优秀的牌手能够记住自己手中的赢钱牌，并参考桌上已经打掉的牌，快速判断哪沓中剩有更多赢钱牌，哪沓中剩有更多输钱牌，从而有效避免输更多钱。但是，如果同时要求参与者记住随机的数字序列，他们判断的时间便明显加长，输的钱也更多。这说明，过多的信息会导致错误的投资决策。

在华尔街，情况更是如此。看看股票经纪人办公桌前闪烁的屏幕，你就能感受到他们需要处理的信息量。在决定是否投资一家公司时，他们要考虑各种指标：公司掌门人，市场的当前规模和潜在规模，公司净利润，其历史股价、当前价格和未来估值，等等。如此多的因素需要考虑，工作记忆高负荷运作，最终将不堪重负。此时的大脑就像一张凌乱的办公桌，堆满了便利贴、表格。过量的信息让经纪人（其他人也一样）无力理性分析，制定策略。最终，他们只能听从直觉做出糟糕的决定。

当信息像海啸一般席卷而来，我们每个人都可能在工作中经历大脑短路、无法进行分析与决策的状况。我们会在需要战略性思考的时候做出情绪化的决策。譬如，更换供应商。假设有23位供应商对项目有兴趣，你没有缩小范围将候选人锁定在5位以下，而是大刀阔斧地将所有供应商面试了一遍。结果呢？你的指挥官可能根本记不住他们的经历与资质。最终你只能将重要信息抛诸脑后，跟着感觉随便挑选一个。也许你会选一位纽约洋基棒球队的粉丝，因为你自己也是这支球队的铁杆粉丝。这可不是明智的选择。

同样地，如果学生在课堂上接收的信息过多，他们的工作记忆也会过载。老师如果一次性讲授太多知识，学生的工作记忆指挥官会失控。那么，即使是最聪明的学生在做作业时也无法正常推理，只能瞎猜一个答案了。

信息过量可能还会导致工作记忆的灾难性损失。我的朋友山姆在最近的公司裁员中被解雇了，公司给了他半年的缓冲期重整旗鼓，另谋出路。但是每次坐在电脑前面对大量的信息，他都会不知所措。有的朋友给他发邮件，建议他利用这段时间去南美旅行3个月；有的朋友打电话给他推荐工作。他在求职网站上看到成百上千的工作机会和不同的发展方向。五花八门的选择让他眩晕。对工作记忆来说，过多的选择意味着过多的信息。无数的选择摆在他面前——旅行、当消防员、重返学校学习、写一部美国小说，山姆的工作记忆就像一台电脑同时运行太多程序一样崩溃了。他很受挫，干脆放弃选择，开始一遍遍看电视剧《法律与秩序》重播。工作记忆过载给他带来了极大的沮丧情绪。在下一章中，我们将进一步探讨工作记忆、情绪障碍、日常快乐之间重要的联系。

不过我们需要知道，看似无穷的选择和浩如烟海的信息并不意味着工作记忆指挥官必然会崩溃。我们是会像山姆一样淹没在信息的洪流中，还是能快速筛选出最合适的选项和最重要的信息，取决于我们用什么方式处理这些选项和信息。有些人会选择性地忽略某些选项和信息，从而避开信息过量的压力。他们会把眼前的选项减少到可以一一过目的量。在本书最后的速查手册中，我们给出了一些较好的处理方法。

时间管理

另一个影响生产效率的重要技能是时间管理。如今，每个人都要学会在更短的时间里做更多的事。但我们都知道，各种新技术进步提升了我们的工作速度——我们可以在早上走进办公室之前就开始回复邮件、浏览销售数据、查看新文件，但这并不代表我们的工作效率提高了。

新技术的一个问题在于它提供给我们太多消磨时间的方式。我们花大量时间在网上闲逛，在喜欢的网站上查看新闻、旅行折扣、特价商品。这些时间被浪费掉了，没有任何产出。强大的工作记忆可以帮助我们掌控时间，完成手头任务。

伦敦国王学院的卡佳·鲁比亚（Katya Rubia）和安娜·史密斯（Anna Smith）提出"认知时间管理"这一术语，即估算完成一项任务所需的时间，并对这部分时间进行合理分配的能力。她们对认知时间管理相关的脑成像研究进行了整理，发现大脑在计算时间时，前额叶皮层被高度激活。从理论上讲，工作记忆会记录流逝的时间，并根据实际情况决定何时行动。

管理压力

罗格斯大学的毛里齐奥·德尔加多（Mauricio Delgado）在研究中发现，如今人们生活中普遍存在的压力对工作记忆有极大的破坏作用。他设计了一项实验，让参与者双手浸入冷水中，从而产生压力。虽然这看起来和压力无关，但心理学界普遍认同，这样可以在不伤害参与者的情况下引发压力。德尔加多发现，压力极大地削弱了参与者的工作记忆，对于一系列财务投资方案，他们基本上放弃了思考，凭借直觉进行评估。

耶鲁大学的埃米·阿恩斯顿（Amy Arnsten）团队的一项研究也证实了压力对工作记忆的负面影响。他们以小鼠为实验对象，通过提高体内蛋白激酶C的水平来模拟压力。蛋白激酶C水平高时，小鼠的压力相应增强。当研究人员提高小鼠体内蛋白激酶C水平时，它们的工作记忆完全停止运作，随之而来的是判断力下降，注意力分散，并表现出攻击行为。这证明压力过大必然会对工作记忆产生负面影响。

但更有意思的是，提高工作记忆水平也可以帮助我们缓解压力。2006年，西奈山医学院的瑞秋·耶胡达（Rachel Yehuda）和她在耶鲁医学院的同事研究了工作记忆相关技能在各种创伤和压力情境下的作用。他们的实验对象包括患有创伤后应激障碍的退伍军人、失去家人的人、患乳腺癌早期的女性以及刚刚经历过自然灾害的幸存者。他们发现，工作记忆相关技能在很大程度上可以帮助这些人缓解压力。

风险评估

最后，工作记忆还可以帮助我们评估各种情况下的风险和回报，这也是成功人生的关键。风险评估对于人生的抉择至关重要。例如是留在现有的岗位上，做着一眼望到底的工作，还是跳槽去创业公司，走上职业发展的快车道，但同时承担失业的风险？是遵循家庭传统，跟随父母的脚步去他们的母校上学，还是去离家数千英里的小型文理学院？毕业后收到一家公司的入职邀请，是立刻入职还是等待更好的机会？

风险评估在日常小事中也非常重要。比如开车，看似普通，其实涉及大量的风险计算。黄灯时是加速通过还是猛踩刹车？此时工作记忆需要快速评估接下来会发生的情况，观察人行横道上是否有行人，考虑前方是否有交警。正是通过工作记忆，我们可以在一瞬间处理所有这些信息。而我们日常生活中的所有事情都需要进行类似的风险评估，可见工作记忆多么重要。

现在我们知道无论是在学习还是在工作中，取得成就所需要的核心技能都离不开工作记忆。下一章中，通过一系列有趣的实验，我们将会了解到，工作记忆对幸福感同样发挥着关键的作用，而幸福感正是生活的另一个重要方面。

第三章

矿难中的幽默大师——工作记忆让我们更快乐

2010年9月，智利一处煤矿发生坍塌事故，30人获救。40岁的马里奥·塞普尔韦达便是其中一人。在那69天里，马里奥与他的同事们被困在随时可能坍塌的矿井深处，里面空气闷热，漆黑一团。马里奥用他那具有感染力的幽默感帮助大家避免了一场混乱。在救援的电钻声与岩石的滚落声打破死亡的沉寂之前，矿工们生活在无尽的黑暗中。即便在这样的日子里，马里奥还是通过集中注意力想象获救之后的生活，为自己找到了快乐。他尽力不让污浊的空气影响自己的情绪。矿井里分不清白天与黑夜，潮湿的纸板就是他的床铺，即便这样，他也没有抱怨。

相反，他带领大家寻找可能的逃生路线，用开玩笑的方式保持理智、鼓舞士气，为惊惶不安的年轻矿工打气。他自己在情绪低落时，也只是默默流泪，以免把负面情绪传染给其他人。当紧张的救援工作终于结束，矿工们都被抬至安全地点，马里奥依然保持了他的幽默，恶作剧般地拿出用锡纸包裹的岩石送给救援人员，感谢他们的辛勤工作。后来，他也因被困期间的积极心态而成了名人。

面对伦敦《每日邮报》的采访，他说："如果士气崩溃了，那么我们没有一个人能出去。关键就是，注意卫生，保持忙碌，相信救援总会到来。"

国际媒体在新闻头条报道他的事迹，称他为"超级马里奥"，因为他避免了团队情绪的崩溃。他们夸赞马里奥与生俱来的人格魅力、领导才能和乐观精神。不过我们对此事的解读略有不同：我们认为，是马里奥强大的工作记忆让他保持了积极心态。

虽然工作记忆与幸福感的关系尚在研究之中，但越来越多的证据表明，强大的工作记忆有这样一个好处：它让我们像马里奥那样身在高压、危险的处境中时，仍能保持快乐。

快乐的科学

"幸福取决于我们自己。"古希腊哲学家亚里士多德的这一真知灼见，优雅地总结了哲学家们的理念：幸福来自我们生活中所做的决定。即使身处绝望的深渊，我们也可以主动选择快乐。第二次世界大战期间，存在主义疗法的关键人物维克多·弗兰克尔（Viktor Frankl）被囚禁在集中营，他专注于自己对妻子的爱，从中找到了活下去的意义和理由。他把注意力从集中营转移到未来的目标上，由此获得快乐。在过去的大约十年里，心理学家和神经病学家尝试了各种复杂的实验技术，试图从科学的角度来解释这一古老的哲学智慧。而工作记忆，就是他们的研究重点。

斯坦福大学的两位心理学家萨拉·利文斯（Sara Levens）和伊恩·戈特利布（Ian Gotlib）研究了工作记忆对幸福感的作用。2010年，他们招募了两组人员。一组为抑郁症患者。另一组则由不曾有过任何情感障碍史的人组成。两组人员都需要完成一项工作记忆任务——对电脑屏幕上的一系列人脸进行情绪评估，判断他们是快乐、悲伤还是平静。

屏幕上每出现一张图像，参与者都要判断其表情与之前的是否相同。两组人员都做了两遍测试。在第一遍测试中，参与者只需判断当前表情与前一个表情是否一致（一步回溯），因此不需要用到工作记忆；而在第二轮测试中，参与者则需要动用工作记忆，因为他们需要两步回溯，判断当前表情与倒数第三个表情是否一样。请看以下例子：

一步回溯测试

悲伤　快乐　悲伤　**悲伤**　平静

两步回溯测试

悲伤　平静　**悲伤**　开心　平静　**开心**　开心

符合题目要求的表情词语用加粗字体显示。

利文斯和戈特利布对每位参与者的判断速度和准确度进行了测量。在一步回溯测试中，两组参与者的结果没有显著差异。而在需要动用工作记忆的两步回溯测试中，差异便开始显现。抑郁症患者对悲伤表情判断得更快，而非抑郁症患者则正好相反。心理学家认为，这一结果差异来自工作记忆处理情绪的方式差异。他们的结论是：抑郁症患者的工作记忆更易留存悲伤情绪，而非抑郁症患者则倾向于将快乐情绪保存在工作记忆中。这说明工作记忆指挥官对幸福感来说是一把双刃剑：乐者愈乐，悲者愈悲。用亚里士多德的话说，幸福取决于我们自己。接下来我们将会了解，有强大工作记忆的人更倾向于选择快乐。

为了更深入地探究这个问题，利文斯与纽约大学的伊丽莎白·费尔普斯（Elizabeth Phelps）合作进行了一项实验，研究人们使用工作记忆来处理情感信息时的大脑活动。实验要求参与者对引发积极情绪和消极情绪的词语进行判断。首先，屏幕上会给出一连串引发消极情绪的词语，比如"谋杀""恐怖"，之后再给出一个词语（即目标词），要求他们判断目标词是否出现在刚才的词汇列表里。然后，对积极情绪相关的词语，再进行同样的操作。参与者需要用到工作记忆，记住词汇列表并和新词进行对比。同时，研究人员用功能性磁共振成像扫描了参与者的大脑。结果显示，血液流入了前额叶皮层，工作记忆在判断两种情绪的过程中发挥了作用。但是，能够区分两种情绪，不代表能感受到这两种情绪。那么，拥有强大的工作记忆真的能让我们更快乐吗？

工作记忆能够激活大脑中感受愉快情绪的化学物质

人的大脑在不断传输着产生愉快情绪的化学物质，其中就包括多巴胺和血清素这两种神经递质。多巴胺可以产生快乐和动力,每当我们做出让自己愉快的行为时,大脑就会释放多巴胺,释放的瞬间即生成短暂的愉悦感,让我们乐于重复这一行为。血清素与深层而细微的满足感和长期幸福感相关。它对快乐至关重要,提升大脑血清素含量可以抵抗抑郁,这也是最常见的抗抑郁药的作用机理。

令人兴奋的是,研究显示多巴胺和血清素的产生与工作记忆之间存在惊人的联系。加州大学伯克利分校的科研人员做了一项实验,用正电子发射断层扫描研究工作记忆与多巴胺之间的关系。他们测试了参与者的工作记忆水平,根据水平高低将他们分为两组,并对两组人员分别进行正电子发射断层扫描,测量大脑中多巴胺的产生情况。研究人员发现,工作记忆较强的人大脑中多巴胺含量较高,而工作记忆较弱的人其含量较低。

德国海因里希海涅大学的吕迪格·格兰特(Ruediger Grandt)团队进行了另一项研究,用正电子发射断层扫描检测工作记忆和血清素之间的联系。实验要求第一组参与者记忆一连串人脸,第二组则完成另一项无须调动工作记忆的任务。扫描结果显示,第一组参与者的血清素含量增加,而第二组则没有。这项研究令人兴奋之处在于其证明了血清素含量激增与工作记忆的使用有关联。换言之,仅仅是调动工作记忆,我们就能感受到快乐。所以,我们心情暴躁时,不妨尝试一些需要用到工作记忆的活动,看看多巴胺和血清素的分泌能不能改善我们的情绪。

工作记忆与"杯子半空"

我们来看看工作记忆与沮丧、反刍等负面的情绪和思维之间的关系。反刍是心理学术语，用来描述人们执着于某些事情（通常是负面的）的状态。这是一种很难控制或停止的消极思维，通常与忧虑、恐惧等强烈的情感相连，相当于我们的工作记忆指挥官在大脑里单曲循环一首悲伤的曲子。

耶鲁大学的心理学家苏珊·诺伦·霍克斯马（Susan Nolen-Hoeksema）研究反刍已有十余年。她的研究结果表明，习惯反刍的人更容易患上抑郁症，而且症状更为严重。那么反刍对工作记忆会产生影响吗？新的实验结果证实了两者之间的联系。都柏林圣三一大学的罗伯特·赫斯特（Robert Hester）和休·加拉瓦纳（Hugh Garavan）给参与者展示了一系列带有负面含义的词语，比如"谋杀""愤怒"和"打架"等，从而刻意加深其反刍程度。研究发现，反刍不仅加深了抑郁情绪，同时也对工作记忆造成了伤害。

心理学家尤塔·乔曼（Jutta Joorman）和伊恩·戈特利布在2008年做了一项实验，让两组参与者在持续更新信息的同时，尽可能抑制负面词语对自己的影响。一组参与者患有抑郁症，另一组则没有。实验发现，抑郁症患者更容易沉浸在负面词语所带来的情绪中不能自拔，他们的工作记忆也因此受到影响。

我们自己也想对两者间的联系进行研究，于是花了3个月，对120多名参与者进行了实验。我们选择的研究对象都是20多岁的年轻人。这一年龄段的人通常不愿意和父母住在一起，想要结交新朋友，探索新事物。向成年过渡阶段的确非常刺激，但充满压力、无奈甚至沮丧。这一年龄段的年轻人在通往幸福的道路上面临着众多挑战，但对我们来说这是一个探究工作记忆对控制情绪、保持乐观的作用的绝佳机会。

我们请这些20多岁的年轻人做了几项认知实验。首先是我编写的阿洛韦工作记忆评估系统。我们会问诸如"橘子长在水里，是对还是错"这样的问题，然后让他们复述句子的最后一个单词。这样的题目需要用到工作记忆，因为大脑必须记住整个句子，在判断问题对错时还要复述最后一个单词。根据这一实验中的表现，我们将他们分为工作记忆较强和较弱的两组。

我们还让参与者填写医院与诊所里常用的问卷，以客观评估他们的抑郁程度。问卷是一些陈述句，要求参与者判断句子内容和自己过去一周的实际情况是否相符，并对符合程度进行打分。有些句子描述的是消极感受，比如"有些事以往不成问题，但过去一周里让我感到困扰"。还有一些则描述了积极感受，如"我对未来充满希望"。根据他们的回答，可以判断其是否抑郁。我们还用另一份问卷，测试他们是否有反刍倾向。

我们的假设是：反刍者和抑郁症患者的工作记忆水平相对较低，反刍者往往容易抑郁。然而，参与者的工作记忆分数、抑郁情况和反刍倾向分析结果出人意料：反刍者的工作记忆得分并不一定都低，也不是所有反刍者都有抑郁情况。在具有反刍倾向的人群中，工作记忆水平较高的患抑郁症的可能性较小。我们的解释是，当工作记忆足够强大，它在单曲循环播放悲伤歌曲的同时，也可以有足够的力量抑制可能引发抑郁的负面情绪。

工作记忆与"杯子半满"

有关工作记忆、反刍和抑郁情绪的研究结果给了我们一个良好的开端，它们表明工作记忆的确有助于情绪管理以及问题的解决，它可以让我们避免陷入抑郁。受此鼓舞，我们又研究了幸福感量表中的另一个项目——乐观情绪，以验证强大的工作记忆是否能够让人更加乐观。

我们借英国科学节的机会做了一次实验。这个节日以科学、工程和技术为主题，一年一次，在英国广受欢迎。我们在节日中宣传了自己的研究，并邀请到几千个参加节日的人参与了实验。得益于参与者人数众多，我们获得了大规模的样本去了解工作记忆对幸福感的影响，以及强大的工作记忆与乐观情绪之间的关系。

在实验中，参与者完成了工作记忆测试，并填写了《生活倾向测试》临床问卷，以衡量他们的乐观程度。我们还请参与者对以下问题做出"是"或"否"的回答：

1. 面临不确定性时，我通常预期最好的情况会发生；
2. 我对自己的未来总是很乐观；
3. 坏事往往成真。我很少指望会有好事发生在自己身上。

从参与者的回答中，我们可以看到工作记忆强度与乐观程度之间的关系。结果表明，工作记忆水平较高的人，对未来更加充满希望和信心，而工作记忆水平较低的人则更容易悲观。

我们到目前为止所做的研究都表明，良好的工作记忆与幸福感、乐观心态相关。两者不是直接的因果关系，因为幸福感是一个复杂的综合体，受到包括个人及文化层面等诸多因素的影响。因此，强大的工作记忆并不能保证乐观的心态，但它可以让你更加接近幸福。

乐观的好处之一是延长寿命，提高幸福感。耶鲁大学公共卫生学院的贝卡·利维（Becca Levy）的研究表明，对衰老持乐观心态的老人的平均寿命比不乐观的老人长7.5年。乐观心态也有助于健康。匹兹堡大学的希拉里·廷代尔（Hillary Tindale）团队发现，保持乐观可以降低患致死性疾病——冠心病的概率。他们对近10万名57—79岁的女性进行研究，将其中最乐观的四分之一人群和最悲观的四分之一人群进行了对比，发现乐观的人患心血管疾病、糖尿病以及高血压的风险更低。另一项为期10年的以男性为对象的研究也得出了类似结论，随着年龄增长，乐观人群患冠心病的概率要低于悲观人群。

少即是多

在本章结尾，我们提供了一些可以增强工作记忆的小练习。现在，让我们先快速了解几个可以同时提升工作记忆和幸福感的小窍门。

在第二章中，大家已经认识了我们的朋友山姆，了解了他在丢掉工作之后所面临的各种选择，以及这些选择带给他的压力。眼花缭乱的选择会引发心理压力和不满情绪。黑兹尔·马库斯（Hazel Markus）和巴里·施瓦茨（Barry Schwartz）于2010年在美国《消费者研究杂志》上发表了一篇研究报告，支持了这一观点。他们发现，虽然美国文化崇尚选择和自由，但无限的选择往往让人无法思考，做出让人后悔的选择。

正如第二章所述，过多的选择会让工作记忆超负荷，导致许多负面结果，比如压力、焦虑、无法抉择，甚至是对自己的选择产生怀疑。因此，提高幸福感的一种方法是尽量减少必须做出的选择。例如，工作时在特定时间完成特定任务，在电脑屏幕上只打开一个窗口，避免在不同窗口之间切换、在不同的选择之间摇摆。

在家里，许多人以为让孩子在众多活动间来回转场，就可以让他们过得更好、更快乐。而现实是，过多的课外活动可能会让孩子不知所措，在自己真正感兴趣的事情上反而表现不好。把精力集中在少数几个活动上，安排一些休闲时光，增加家人间的交流，可以减轻工作记忆的负担，大家都会更轻松、更快乐。

精简消费选择也很有用。超市里的商品鳞次栉比，新品层出不穷，包装新奇有趣，有时候一种简简单单的商品就有十个品牌，让人很难抉择。下次去超市时，我们可以列一个购物清单，明确目标，以免在各种各样的选择面前挑花了眼。

现在再来看看山姆的故事。他发现，缩小选择范围对他大有帮助。度过暗无天日的几周后，在妻子的鼓励下，他向职业规划师求助。规划师建议他把精力集中在一两项近期任务和目标上。这样，他的工作记忆更好地消化了他需要考虑的信息，减轻了心理负担，他的心情也放松下来。他列出可选职位清单，开始投递更新后的简历。两周后，他获得了一次面试机会。

直面恐惧和挑战

公司法律师安最近刚刚晋升为合伙人。某天下午，她在自己背部下方发现了一个大肿块。她担心是恶性肿瘤，但是新岗位的工作职责让她无暇顾及，于是她没有去医院，试图把这件事抛到脑后。但她越试图回避，就越无法控制自己想象各种灾难性的结果。几周之后，她陷入深度抑郁，无法专心工作和开会，对案件判断失误，忘记给客户回电话。总而言之，她的工作记忆受到了损伤。

一些有趣的研究表明，逃避问题会损害工作记忆。哈佛大学、康奈尔大学和得克萨斯大学的科学家做了一项实验，研究小老鼠的迎战与逃避机制。他们发现选择逃避挑战（比如面对体型更大、攻击性更强的同类）的小老鼠呈现出体重降低、性欲低下以及失眠等症状，同时大脑内的一种叫作脑源性神经营养因子的蛋白质水平也发生变化。已有的研究表明，脑源性神经营养因子水平低与工作记忆受损以及抑郁症相关，但其相关性较为复杂，确切性质尚待确定。

愿意迎战体型更大的同类的小老鼠则睡眠规律，性生活健康，饮食正常，其脑源性神经营养因子水平也无异常。研究人员认为这一发现揭示了一个重要信息：积极解决问题，可以增强一个人的韧性。他们引用了第二章提到的瑞秋·耶胡达关于工作记忆和压力的关系研究，强调经历高压情境可以让精神更加坚韧，而韧性较好的人面对逆境更加乐观。现在回到安的故事。她忙于工作，拖延着不去处理健康问题，结果她的工作记忆水平下降，工作也受到了影响。在朋友的劝说下，她终于克服了对医院的恐惧去做了检查。活组织检查结果显示，肿块是良性肿瘤。归根结底，逃避问题会让工作记忆退化，导致抑郁。更糟糕的是，它还可能带来连锁反应，越是逃避，工作记忆越是糟糕，你越是无力应对逃避带来的后果。而直面问题则有助于工作记忆的正常运转，从而让我们能够适应各种可能出现的状况。

静下心来感受快乐

人们一直把冥想与宁静美好联系起来。威斯康星大学麦迪逊分校的理查德·戴维森（Richard Davidson）团队在2007年做了一项实验，使用功能性磁共振成像来观测冥想时的大脑活动。他们请来长期冥想者，其中不乏拥有3.7万个小时以上冥想经验的专家，也有一部分是新人。当他们冥想时，研究人员用餐馆喧闹声、婴儿哭声、女人尖叫声等噪声分散他们的注意力。研究人员扫描他们的大脑发现，与新手相比，经验丰富的人能更好地排除干扰。扫描结果还显示，冥想经验越多，前额叶皮层（工作记忆存储区）被激活程度越高。之所以会激活前额叶皮层，是因为扫描大脑时他们进行的是专注冥想，要求在冥想的同时将注意力集中在面积小的视觉图像上或是自身的呼吸上，而这一过程需要用到工作记忆。

宾夕法尼亚大学的亚米什·杰哈（Amishi Jha）团队的研究得到了更进一步的结论。他们发现，冥想、高水平的工作记忆以及幸福感之间有着更直接的联系。其研究对象是美国海军陆战队士兵。他们即将被派遣出征，因此非常紧张。实验中，其中一组士兵每天冥想30分钟，持续8周，另一组则每周冥想20分钟，持续8周。之后，这些士兵要对自己的正面及负面情绪打分。每天冥想30分钟的那组，在8周结束时工作记忆得分更高，并且在情绪上比第二组更正面。由此可以推测，加强工作记忆可以让士兵们更成功地排解负面压力，专注于积极想法，从而改善情绪。

在本章开头，我们了解了"超级马里奥"的故事，在积极心态的帮助下，他战胜了黑暗阴冷的困境。我们也提出了这一问题：他的乐观是否得益于强大的工作记忆？众多的研究结果表明这一猜想很可能是正确的。虽然当时矿工们被成功救出的希望并不大，但强大的工作记忆指挥官帮助马里奥忽略了负面情绪，将注意力集中在正面情绪上。同时，他给大家讲笑话，规划孩子的未来，寻找逃生路线，创造处理日常琐事的新方法，从而保持大脑活跃，充分调动了他的工作记忆，而不是沉浸在对末日的悲观想象中。这样，他的多巴胺和血清素保持在相对较高的水平，从而维持了幸福感。

增强工作记忆可以让我们抵御同事的邮件和信息轰炸，避免焦虑和分心，集中注意力按时完成手头的项目。增强工作记忆也可以让我们屏蔽家人的抱怨和孩子的吵闹，收拾好屋子，把孩子哄睡，准备好晚餐，打起精神迎接一刻钟后到来的朋友，享受聚会的快乐。

工作记忆练习

在工作记忆指挥官的帮助下，我们可以控制自己的情绪，向快乐迈出一大步。以下的练习可以让我们学会如何增强工作记忆，更好地掌控情绪和心态。

如何管理积极情绪和消极情绪

想要获得幸福，很重要的一步是了解什么让自己快乐、什么让自己难过。因为工作记忆往往关注熟悉的情绪信息。本练习有助于训练工作记忆对情绪类词语的评估，从而让你有选择地关注积极词语，忽略消极词语。

1. 以下是测试词语。先别偷看！
2. 请朋友大声念出这些单词。
3. 注意那些出现了不止一次的词。如果这个词出现了两次，并且两次之间间隔了两个其他词语，那么，先打个响指，再告诉朋友这个词表达了正面、负面还是中性的情绪。

需要做出反应的词语为粗体字。

测试词语

树叶；不幸；欣喜若狂；晴；糖浆；**欣喜若狂**；感恩；**糖浆**；平板；扫兴鬼；害怕；友善；**扫兴鬼**；感恩。

来几杯咖啡

2012年，德国鲁尔大学的拉尔斯·库兴克（Lars Kuchinke）团队研究发现，摄入200毫克咖啡因，即大约2—3杯咖啡或4杯茶，可以提高我们识别积极词语的速度和准确度，但对中性或消极词语没有影响。虽然这一结果尚不能说明喝咖啡能降低患抑郁症的可能性，但至少代表了一个好消息，即咖啡使人们更容易感受到积极情绪。

筛除坏情绪

反刍使人沉浸于悲伤的经历和情绪。本项练习可以锻炼工作记忆，从而筛除负面情绪，专注于正面情绪。

第1级：题目说明

1. 将积极词语用线相连，忽略其他词语。
2. 在另一张纸上默写出刚才连接的词语。

筋疲力尽　善于交际　易怒　汽车　椅子　微笑

第2级：题目说明

1. 将积极词语用线相连，忽略其他词语。
2. 在另一张纸上默写出刚才连接的词语。

外向　愁眉苦脸　悲伤　有趣　湖　照片　争论　自信　袜子　愚蠢　愤怒　碗　冷静　狗　仇恨　傻笑　美丽

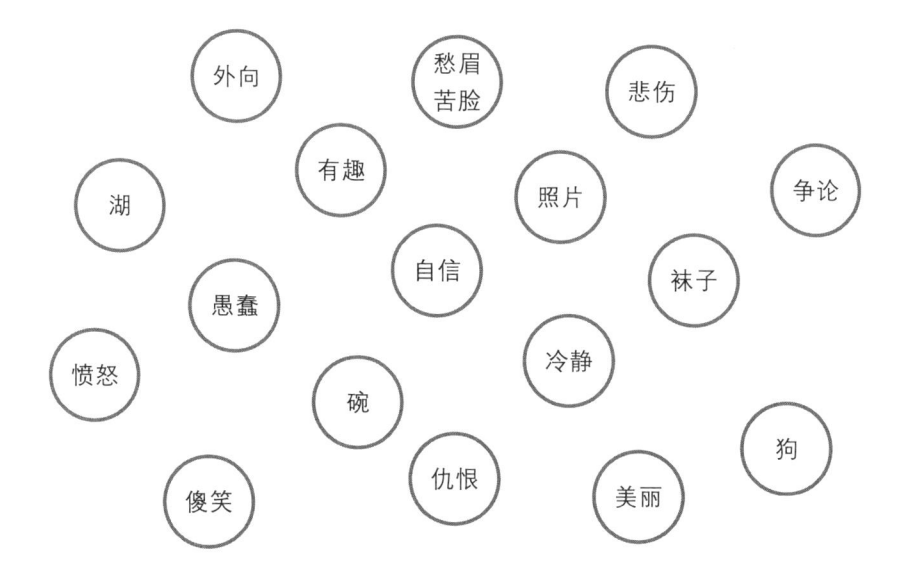

给自己的选择排序

面对眼花缭乱的选择时，本练习可以指导你将事务进行优先级排序，从而缓解压力。

1. 将日常事务中需要动用工作记忆的事项列成清单，比如刷脸书、查邮件、做早餐。你也许会发现条目有30项之多。

2. 把清单中最不重要的挑出来，坚持一周不做这些事。可以把iPad收进柜子，用电脑工作时限制上网的时间，关掉推特消息提醒等。

3. 一周结束时，问自己下列问题：

· 有没有感觉变轻松了？

· 是不是完成了更多的事情？

· 是不是更高效、更能集中注意力了？

4. 如果3个问题的答案都是肯定的，就可以认真考虑降低做这些事情的频率，让自己更轻松一些。未来，也许你还可以进一步努力，筛除更多不必要处理的事务呢。

第四章

工作记忆也会出错——失败、恶习、错误

我们会在新闻里见到，坐拥百万美元家当的运动员把资产挥霍一空，光鲜亮丽的名流因为吸毒而前途尽毁，肥胖症患者不顾心脏病和糖尿病依然暴饮暴食。我们自然会好奇，为什么他们控制不住自己的行为。经过多年的研究，我们发现行为失控与工作记忆失控密切相关。在本章中，我们就来看看，工作记忆失控会产生哪些后果。

乐极生悲

如今经济低迷，谁不曾幻想赢个彩票大赚一笔？但是赢得彩票真的有听起来这么美好吗？大部分人可能都听说过，许多赢了彩票的人后来都说，自己没有感到更快乐。这一大笔钱更像是负担，而不是福音。这听起来非常讽刺，我们认为这可能是因为工作记忆受到了干扰。这一现象也在某种程度上说明了工作记忆对于抑制冲动行为的作用。

下面讲述的是安德鲁·杰克逊·惠特克（Andrew Jackson Whittaker）的故事。2002年，他在加油站花1美元购买的彩票为他赢得了税前3.14亿美元、税后1.13亿美元的大奖，成为当时美国历史上最大的单奖得主。要说彩票赢家中谁能捧得大奖而归，那就非惠特克莫属了。中奖前他就是个成功商人。他是西弗吉尼亚一家建筑公司的董事长，净资产价值几百万美元，拥有员工100多名。

中奖的兴奋让惠特克一掷千金。他向各种组织承诺捐赠，并且成立了一个非营利性机构帮扶低收入家庭。不过很快，精打细算不再，取而代之的是不加约束的挥霍。在从天而降的财富里，当年依靠勤劳与自律辛辛苦苦赚得几百万美元家产的他忘记了对金钱的珍惜，失去了对钱包的控制。

仅在第一年他就花了4500万美元。至于他好好陪伴结婚40多年的妻子以及疼爱孙女的计划，完全落空了。据《华盛顿邮报》报道，他说："要想和我共度美好的时光，他们得起得早点，或者睡得晚点。"他每天奔波于赛马场、老虎机游戏房，以及计划投资的房产之间，在家的时间自然不增反减。当然，与所有彩票赢家一样，他也给自己、家人和熟人买了数不清的汽车和房子。中奖后的第五年，他声称遭窃，大量钱财被偷，已经身无分文。他还被指控殴打他人和酒驾。

虽然惠特克的故事并非个例，像他这样在中奖时已然生活富足，仍然落得破产下场的，却并不多见。这不禁让人好奇，明明拥有大量资金管理经验，为什么在管理奖金上却没有比普通人做得更好？是什么让他成为冲动型消费者？

芝加哥大学布斯商学院决策研究中心的威廉·霍夫曼（Wilhelm

Hofmann）在一定程度上给出了解答。几年的时间里，他一直在研究决策、冲动和工作记忆。在2009年的一篇论文中，他提出了影响决策的两个重要系统的理论模型，即冲动系统和反省系统：

·冲动系统：这个系统是无意识的，让我们不假思索、及时行乐、随心所欲；

·反省系统：这个系统较为理性，它会为了实现目标进行战略规划，深思熟虑后再判断，并且对行为进行控制。霍夫曼认为，反省系统的强弱与工作记忆有直接联系。

假如你独自一人被困在海上，救生筏上有一定的生活用品，你得合理安排，尽可能地延长这些生活用品维持你生存的时间。在所有物品中，有几条巧克力棒。你知道每天只能吃一小块，但你的脑海里经历着一场战争。你的冲动系统怂恿着你将其一举消灭——来吧，你饿了，需要吃掉整条巧克力棒。你的反省系统则提醒你坚持一天一小块的配给计划——不要向诱惑低头，省着点吃，从长远来看这样对你有好处。

工作记忆的强度决定了你会听从哪个系统的建议。霍夫曼的理论认为，工作记忆越强大，反省系统越能压制住冲动系统。

在获得意外之财之前，惠特克需要克制消费以免超支。他的工作记忆指挥官会调动反省系统，提醒他节制支出："我确实想买那栋豪宅，但我买不起。"但是在中奖之后，无论是钻石还是快艇，对于所有吸引他眼球的东西，他都可以不假思索地购买。由于不需要再节制支出，他的工作记忆指挥官退居二线，冲动系统成了脱缰野马。自制力衰退了，他的奖金也随之耗尽了。惠特克的一位朋友在《今日美国》中对他的描述很到位，中奖"让他丧失了理智……拥有的财富越多，就越难抵抗诱惑"。

失控

工作记忆失控是成瘾的重要原因，无论是毒瘾、酗酒、烟瘾、暴饮暴食、购物瘾、赌博、性瘾，甚至是游戏成瘾。工作记忆越强，越能够抵制诱惑，反之，越容易陷入成瘾的旋涡。

都有过特别渴望某样东西，深陷于某件事，或是强烈执着于某物，以至于把其他事都抛到九霄云外的经历吧？即使这件事有损身体健康、人际关系、职业生涯、财务状况，甚至可以毁掉你的人生。看看这些数据就知道了：超过6800万美国人有吸烟的习惯；将近3000万人滥用药物；2200万成年人沉迷于网络色情；多达2400万人有强迫性购物的问题；600万—800万人赌博成瘾；还有大约7500万成年人和1250万儿童患有肥胖症。为什么这么多人摆脱不了坏习惯，戒不掉瘾？

成瘾状态下的大脑

2011年，美国成瘾医学会对"成瘾"的定义进行了调整。新的定义为"一种关于大脑奖赏、动机、记忆及相关大脑回路的慢性疾病"。著名神经科学家、精神病学家诺拉·沃尔科（Nora Volkow）时任美国国家药物滥用研究所所长，在大脑成瘾领域颇有建树。她是列夫·托洛茨基（Leon Trotsky）的曾孙女，不过经历十几年的同行评审，她本人也已成为自己研究的领域具有影响力的人物。她的研究表明，成瘾行为具有强迫性是因为大脑的控制系统损坏。以下是成瘾状态下的大脑活动。

显著性和奖赏

显著性是指某一事物或行为的相对重要性，奖赏是指我们从该事物或行为中获得的愉悦感受。这两者与大脑成瘾密切相关。成瘾物质和行为对成瘾者具有很高的显著性，他们能够吸引成瘾者的大部分注意力。成瘾者进行这些行为时，大脑深处的伏隔核释放出大量奖励性神经递质——多巴胺。比如，每吃一块巧克力，大脑就会释放一些多巴胺；一口气吃完热巧克力圣代配黄油曲奇、淡奶油、巧克力粉加坚果，则会产生超大量的多巴胺神经递质；海洛因等毒品也会引发巨量多巴胺的产生，在吸毒者大脑中形成极高的显著性，足以淹没他们对其他事物的感受。

记忆

成瘾者的大脑会对成瘾行为形成记忆，在杏仁核和海马体中都留下记录。杏仁核是大脑的情感中心，记录下强烈的显著性，释放出奖赏信号，并将其封存在记忆库——海马体中。

驱动力

驱动力激励成瘾者持续其成瘾行为，迫使他们一次次重复该行为。驱动力来源于眶额皮层和带状前回。这两个脑区与工作记忆有关，但相关程度尚需进一步研究确定。吸毒者犯毒瘾时，他们大脑内的眶额皮层和带状前回被激活，产生强烈的驱动力。在这个过程中，工作记忆就像是一个坏掉的光盘，一遍遍重复释放对奖赏的渴望。的确，成瘾者大脑这些区域的运作方式与强迫症患者的相似。

（失去）控制

工作记忆在成瘾过程中起控制作用的是前额叶皮层。它可以帮助未成瘾者抵制有害行为。比如，面对递来的酒杯，未成瘾者的前额叶皮层会被激活，决定是拒绝还是接受。而对成瘾者来说，他们在做出成瘾行为时，前额叶皮层的活跃度反而会降低，他们的自我监控和行为控制能力也随之下降，就仿佛指挥官失效一样。成瘾物质和行为带来的愉悦感具有如此高的显著性，超出了前额叶皮层的约束范围。与正在实施成瘾行为或使用上瘾物质的情况不同，成瘾者在渴望获得某种物质的时候，其前额叶皮层活跃度会提高。这会调动工作记忆，唤起显著性和奖赏的相关记忆，想方设法满足这一欲望。在成瘾状态下，原本应该起控制作用的工作记忆却反过来受到了成瘾行为的控制。

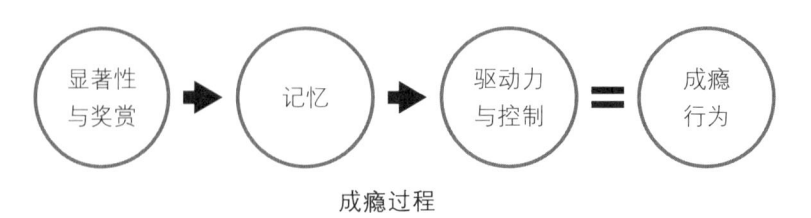

显著性与奖赏 ▶ 记忆 ▶ 驱动力与控制 ＝ 成瘾行为

成瘾过程

在这一过程中，工作记忆非但没有对成瘾行为加以抑制，反而帮助成瘾者获得满足。为了方便理解，上图以线性形式简化了这一过程，在实践中，成瘾的各个阶段未必一定按这一顺序发生。

让我们以罗斯为例了解一下强迫行为。2003年圣诞节前一周，罗斯买了一个第一视角电子游戏。从此，白天他专心学术，温和有礼；到了晚上，他就化身为前海豹突击队队员，为国家安全局绝密的第三梯队执行任务，在战争中为美国效力。他利用隐身能力，调动高度敏锐的军事嗅觉，跟踪敌人并潜入他们的总部，甚至阻止了核弹爆炸，最终解救了美国。

你以为，罗斯的辛勤工作和必胜决心会让我感到自豪。事实上，虽然罗斯一手阻止了"第三次世界大战"，可他在这个虚拟世界里花费了太多时间，让我很担心。品尝爱丁堡德国集市上热腾腾的甜酒、雪地徒步旅行、制作圣诞曲奇和糖果、唱圣诞颂歌，他以往最喜欢的这些活动，这次他一项都没有参与。因为电子游戏，罗斯成了名副其实的圣诞怪杰①。

圣诞当天，我没有允许他玩这个游戏。罗斯一边参与节日活动，一边心心念念地想着游戏，担心游戏里神秘莫测的罪犯会激活核装置，让他前功尽弃。但他也意识到自己已经完全沉溺其中无法自拔，或许应该听我的建议。最后，他将光盘折断，发誓再也不玩游戏，至今仍未破戒。

大多数玩家都可以抵挡住电子游戏的诱惑，在玩游戏之余也能从事别的事情。但是研究表明，全美十分之一的游戏玩家表现出容易

---

① 圣诞怪杰，苏斯博士（Dr. Seuss）的童话故事主人公。绿毛怪格林奇（Grinch）是孤儿出身，从未体验过温馨的圣诞节，因此痛恨这个节日。为了不让其他人过圣诞节，他把所有人的圣诞礼物都偷走了。

成瘾的迹象。网络上随处可见某人因沉溺于某事而影响工作或导致亲密关系破裂的故事。以下是一位玩家发在某个游戏网站上的帖子，坦白了自己沉迷于热门游戏的经历：

我曾经婚姻幸福，有三套房子、三辆车，银行存款也不少。后来我丢了工作，失去妻子，不得不卖了一套房、一辆车，银行账户里几乎没钱了。但我的游戏账号里的钱一年前就充满了。我的信用严重受损。无所谓了。

这位玩家经历了婚姻破裂、亲子疏离、"钱景"黯淡。中国政府在2009年禁止热门游戏《魔兽世界》，背后原因也许就是其对网络游戏成瘾的负面影响的深深忧虑。

同年，中国台湾研究团队进行了一项开创性实验，试图揭示游戏成瘾者在游戏开始之前的大脑活动。研究人员招募了10位《魔兽世界》重度玩家，他们每周的游戏时长为30小时以上，游戏已满级。此外，他们还招募了10个不玩游戏的人，这些参与者每天上网时间不到2小时。

研究人员向所有参与者轮流展示普通图片和《魔兽世界》游戏画面，同时扫描他们的大脑。重点在于，扫描的不是处于游戏期间的大脑活动，而是看到图片后被激发游戏欲望的大脑活动。

不出所料，不玩游戏的人看到两种图片时，大脑活动没有差别；游戏玩家看到普通图片时，大脑活动同不玩游戏的人基本一样，但一旦看到游戏画面，他们的大脑活动立刻变得非常活跃，扫描屏幕瞬间亮得像一棵圣诞树。

· 伏隔核被激活，玩家开始期待游戏时多巴胺带来的满足感。完成任务、营救队友或者杀死对手时，玩家的大脑都会释放多巴胺。

・前额叶皮层被激活，工作记忆开始思考如何获得多巴胺满足，并开始谋划玩一场游戏。

这项研究关注的是瘾性发作时的大脑活动，而不是进行成瘾行为时的活动，这也解释了前额叶皮层被激活的原因。正如前文成瘾大脑模型所描述的，欲望改变了前额叶皮层和工作记忆的作用机制。在成瘾状态下，原本用来控制与调节行为的前额叶皮层与工作记忆反过来促进了多巴胺释放，反而成了满足瘾性的共谋。此时，工作记忆不再是朋友，而是敌人，它成了拖累。

工作记忆失效，危及身体健康

明明正在减肥，却无法从甜点前挪开脚步，也是因为工作记忆的牵制吗？或是因为我们缺乏意志力？还是其他原因让我们控制不了饮食呢？来看一看迈克尔的故事。他来自纽约，体重1200磅。他的母亲患有肥胖症，受此影响，他也养成了暴饮暴食的习惯，早餐要吃吐司、华夫饼、蛋糕、四碗麦片、一夸脱苏打水，晚餐还要再来一块比萨。他一次次尝试节食，但总是控制不住进食冲动。

最新科学研究表明，有些人可能对脂肪上瘾。在美国，三分之二的成年人超重或患肥胖症，显然许多人的脂肪摄入量超过了正常范围，极大破坏了工作记忆。2007年，《食欲》杂志上发表的一项研究显示，在工作记忆相关测试中，肥胖症儿童与其他同龄人相比表现较差。这一情况并不随着中年的到来而有所缓解。2010年，得克萨斯大学奥斯汀分校的研究团队发现，相比正常体重以及轻度超重者来说，肥胖症患者使用工作记忆时，相关脑区激活程度较弱。

2003年，波士顿大学的科学家发现，患有肥胖症和高血压的老年人工作记忆水平较低。2007年版《当代阿尔茨海默病研究》杂志上发表的另一篇研究报告表明，中年时期患有肥胖症会增加老年认知疾病的患病概率。其中患血管性痴呆的可能性高达5倍，患阿尔茨海默病的可能性高达3倍。即便没有明显肥胖，只是轻微矮胖，也不代表万事大吉了。该研究还指出，超重人群在中老年时患阿尔茨海默病或血管性痴呆的概率比正常人高两倍。这些人体研究初步解释了暴饮暴食与工作记忆之间的联系。近期，还有研究团队以老鼠为实验对象，更严格地控制实验变量，如改变脑细胞或使用电击，证实了暴饮暴食行为本身也会让人上瘾，最终损害工作记忆。

2010年，佛罗里达斯克里普斯研究所的神经科学家保罗·约翰逊（Paul Johnson）和保罗·肯尼（Paul Kenny）进行了一项实验，证明高热量食物会让大脑内的奖赏系统失控，就像毒品一样。他们以三组老鼠为实验对象，提供不同的饮食方案，观察高热量食物对其大脑和体重的影响。第一组（下文简称自助餐组）几乎无限量享用高热量食物，有点像自助餐，其中包括一些人类也很喜欢的食物，比如培根、香肠、巧克力、芝士蛋糕。第二组（下文简称限制组）吃同样的高热量食物，但限制每天只在一小段时间内进食。第三组是对照组（下文简称健康组），只吃健康鼠粮。猜猜结果如何？意料之中，自助餐组的老鼠摄入的卡路里是健康组的两倍，很快就长胖了。

之后，两位研究人员对老鼠进行了条件反射训练。每次打开灯，就对它们进行轻微电击。然后在它们每次进食时，就开灯，观察其反应。结果限制组和健康组的老鼠都会拒绝进食，而自助餐组的则会继续进食。它们完全沉浸在高热量食物中，吃得一点也不剩，哪怕轻微电击也起不了威慑作用。

他们还想进一步研究多巴胺在食物成瘾中的作用。正如上文所说，如果对某种物质成瘾，那么这种物质摄入量必须不断加大，才能让多巴胺的分泌量维持在同一水准，因为成瘾状态下大脑内的多巴胺受体变少，对多巴胺信号的敏感度下降了。

他们在自助餐组的老鼠大脑内注入一种病毒来攻击多巴胺受体，从而观察多巴胺受体减少后，它们会有什么反应。研究人员预测，因为同样剂量食物带来的多巴胺快感降低，所以老鼠会逐渐调整，减少摄入高热量食物。结果，他们惊讶地发现，老鼠为了维持同样水平的多巴胺快感，反而吃得更多了。

所以现在你明白为什么原来只要吃一颗糖就很满足，现在却要吃三颗才行了吧。大脑为了补偿多巴胺受体的减少，对摄入量的需求变大了。这也解释了为什么有些人冒着啤酒肚、糖尿病、高血压的风险，也不肯放弃高热量食物。

饮食与工作记忆的相关研究还表明，摄入过多高热量食物会直接损害工作记忆。牛津大学的安德鲁·默里（Andrew Murray）团队以老鼠为对象进行了一场实验。他们将老鼠分为两组，每组都接受了长达两个月的健康饮食，然后进行一项迷宫实验。迷宫实验是用来测试老鼠工作记忆的常见方式。实验人员以一个高台为中心，从里向外延伸八个通道。有些通道的终点藏有食物，而有些没有。如果老鼠重复回到一个终点没有藏着食物的通道，就会被研究人员记为工作记忆错误。这项任务里，老鼠需要在适应复杂迷宫的同时，记住自己到过的位置，这对工作记忆是一个挑战。研究人员对两组老鼠的分数做了记录。

之后，他们给其中一组投喂了九天高热量食物，然后对两组老鼠重新进行了测试。健康饮食的那组轻松走完了迷宫，虽然并不完美，但得分比第一次测试略高。高热量饮食的那组则比第一次测试花费了更长的时间，犯了更多的错误。显然，高热量饮食削弱了他们的工作记忆。

学术界也涌现了大量关于特定食物损害大脑奖赏系统的理论。2009年，戴维·凯斯勒（David Kessler）提出，同时含有盐、糖和脂肪的食物对大脑奖赏系统会产生很大影响，让人过度摄入营养，最终导致肥胖。糖本身就会导致肥胖，比如高果糖玉米糖浆、麦芽糖、右旋糖以及食物中含有的数十种其他糖源。研究人员试图找出影响大脑奖赏系统的具体是哪一种糖、哪一类食物或是哪一组饮食，但结果显示，问题似乎不在食物本身，而在于对食物的过度摄入。我们不能忘记，人体需要脂肪来维持大脑健康，需要葡萄糖保持清晰思考，更离不开盐分，但是如果过度摄入，就会导致工作记忆受损。

传递快乐的神经递质也可能传递忧愁

进食障碍的另一个极端是神经性厌食症。安娜·帕特森（Anna

Patterson）是一个记录厌食症的年轻博主。虽然体重只有89磅，她却坚信自己的肚子太胖。她拒绝进食，却无法控制对食物的渴望。

过量饮食的部分原因或许可以解释为对炸薯条或香脆的培根所能激发的大量多巴胺上瘾。最新研究表明，厌食症与多巴胺则是另一种关系。2012年，沃尔特·凯（Walter Kaye）以两组同龄女性为对象进行了一场实验，其中一组患有厌食症但正在康复，另一组则身体健康。他让两组参与者口服安非他命①以释放大量多巴胺，然后用正电子发射断层扫描技术对比了她们的大脑活动，从而研究多巴胺对其大脑的影响。

对于大多数人来说，大量多巴胺的释放相当于愉悦感的获得。如我们所料，健康的被试感受到了愉悦，甚至狂喜。扫描图像显示，她们的大脑中伏隔核所在的区域被激活，而伏隔核正是多巴胺受体集中之地。

相反，对患有厌食症的被试的扫描结果则显示被激活的是尾状核。这一脑区与对事物结果的忧虑有关。换言之，对于厌食症患者，内疚感、忧虑感与愉悦感相伴相生。果然，在焦虑程度调查中，这一组参与者的焦虑水平很高，多巴胺释放实验结束3小时后她们的焦虑情绪才散去。对她们而言，难以控制的不是对快感的追求，而是对进食过程中伴随多巴胺而产生的愧疚与焦虑的逃避。

生物学家瓦莱丽·坎潘（Valerie Campan）将这种现象描述为"对饥饿上瘾"。坎潘认为"对饥饿上瘾"或是过度执着于自我控制都会影响工作记忆。过少的快乐似乎和过度的快乐一样，都会令人

---

① 安非他命，中枢神经刺激剂，可暂时地兴奋中枢神经。——译者注

沉迷其中，而这两种极端情形也都会对工作记忆造成伤害。2006年，澳大利亚心理学家伊娃·肯普斯（Eva Kemps）分别招募了一组患厌食症的女性和一组健康女性，请她们完成一系列测试和一项与食物相关的调查问卷。伊娃发现，厌食症患者经常为食物、体重以及体形而纠结。她认为，虽然两组参与者的智商分数相差无几，但厌食症患者的工作记忆更弱。

2009年，海德堡大学的阿恩·察斯特罗（Arne Zastrow）团队对女性厌食症患者的大脑进行了进一步扫描研究。他们招募了女性厌食症患者和健康女性各15名，要求她们完成一项涉及信息处理与监控的任务，同时扫描其大脑活动。此项任务要求被试记住一种目标图形，比如圆形或三角形，并在此图形出现时按下按钮，以区别于别的图形。一个额外的任务是，目标图形中途会改变，因此参与者需要在脑海中忘记前面一个图形，用新的目标图形更新工作记忆。这一认知测试在临床医学中很常见，通常用于测量一个人在游戏规则改变时的适应速度。

实验结果与肯普斯的研究相同，患厌食症的参与者比健康的参与者出错更多，体现了厌食症患者认知灵活度的缺陷。她们很难转变自己的观念，这或许也解释了为什么她们的行为通常更加刻板。正如上文所说，强大的工作记忆有助于切换注意力，可见厌食症患者的工作记忆是受损的。这在一定程度上解释了为什么厌食症患者很难摆脱食物"不好"的观念，转而接受食物可以令人愉悦、促进健康的看法。

察斯特罗团队的大脑扫描结果部分解释了这一现象。其扫描显示，厌食症患者的大脑中，许多与行为动机相关的脑区没有充分激活。此外，健康女性的前额叶皮层激活也更明显，说明她们的大脑调动了工作记忆来完成任务；而厌食症患者的前额叶皮层则完全没有显示出激活信号，说明其工作记忆没有发挥作用。

工作记忆水平低的弊端显而易见——一旦工作记忆指挥官衰弱，我们便会意识到它对我们的财务情况、心理状态和身体健康有多么重要。工作记忆越弱，我们越有可能形成不健康的习惯和行为，最终导致破产、成瘾或肥胖，甚至三者兼而有之。更糟糕的是，失控的行为可以反过来削弱工作记忆，甚至将工作记忆化友为敌，给你带来伤害。

第五章

学习的最佳助手——工作记忆之于学生

长期以来，人们习惯把智商与学业成就画上等号。但我们在研究中发现，根据智商预测学业成就的方式存在缺陷。

我刚开始研究工作记忆、智商、学业成就三者关系时，我想知道哪些认知技能最有助于学生取得优异成绩。在一项早期发表的研究中，我对近两百名幼儿园的孩子进行了工作记忆、智商等各项测试，并将其与他们的学习成绩进行对比。对比结果出乎我的意料。

和想象中不同，智商正常甚至超常的孩子并没有多少优势。结果显示，有些学生智商处于平均水平，学习成绩却不好。比如，其中一个叫安德鲁的孩子，智商水平正常，但是他进入二年级后，学业就出现了困难。如果智商真的可以作为学业成就的预测指标，安德鲁在学校就不会过得这么艰难。智商不能用来解释他的学习表现。

当我观察他的工作记忆得分时，我发现与同龄人相比，安德鲁的工作记忆水平相对较低。准确地说，如果把100个同龄孩子按工作记忆水平由高到低排成一列，那么安德鲁大概排在最后。工作记忆弱才是他学习不好的原因。

其他孩子也是如此。我发现,在预测学习成绩上,用工作记忆测试比用智商测试准确得多。事实上,如果知道学生的工作记忆分数,我判断其学习成绩的准确度可高达95%,我甚至可以根据幼儿园时的工作记忆预测小学六年级的成绩,准确度也在95%。工作记忆与学习成绩密切相关。

在另一项研究中,我试图找出成就优秀学业成绩的关键认知技能。我测试了将近70名7—11岁学生的工作记忆和智商,然后追踪了他们在两年里四门基础科目的学习成绩,并进行了比较。这四门基础科目分别是阅读、理解、拼写、数学。我分析了数据,将工作记忆与智商进行了对比,结果还是一样:智商对成绩的影响很小,而工作记忆才是最重要的认知技能。强大的工作记忆能在很大程度上帮助学生取得好成绩。

其他研究团队也得出了相同的结论,即工作记忆为学习成绩奠定了基础。加拿大英属哥伦比亚大学特殊教育系主任琳达·西格尔(Linda Siegel)发表了几项关键研究,强调了工作记忆对学习的重要性。其中一项面向7—13岁儿童的研究显示,工作记忆较弱会导致阅读和计算能力方面的障碍。

英国心理学家丽贝卡·布尔(Rebecca Bull)的研究证实,这一结论对英国学生同样适用;她还发现,工作记忆较弱的学生数学能力通常也弱,因为他们无法对所有必要的数字信息加以处理。此外,他们无法整合不同的数学概念,因此解答应用题时会有困难。

美国密苏里大学哥伦比亚分校的心理学家戴维·吉尔里(David

Geary）在近十年间做了大量实验，研究工作记忆与数学能力的关系。其中一项研究覆盖了幼儿园到五年级的孩子，结果表明，数学学得最吃力的孩子，工作记忆水平也比同阶段的同学低。

此外，大量研究都表明工作记忆对于语言学习至关重要。加州大学的研究人员以高中生为对象开展了为期3年的研究，得出工作记忆在阅读和理解中非常关键的结论。威斯康星大学麦迪逊分校的苏珊·埃利斯·维斯默（Susan Ellis Weismer）团队也做了大量相关研究，证明工作记忆在语法和新词学习中发挥了非常重要的作用。参与这项研究的学生都拥有平均智商，但工作记忆较弱，为分辨工作记忆与智商对学习的作用提供了理想的样本。

维斯默的研究结果称，如果学生工作记忆较弱，即使他们智商正常，也很难记住新词和语法。尤其是学习速度加快时，这部分人更加难以跟上进度。

越来越多的证据表明工作记忆与学习能力之间存在关系，其中包括我所做的另一项研究。在这项研究中，我比较了6—11岁孩子的智商和工作记忆，从而进一步明晰工作记忆和学习能力的关系。我发现，工作记忆与阅读、写作、理解等语言能力以及数学能力之间存在因果关系，工作记忆水平决定了孩子在这些方面的表现。

随着我和其他研究者提供越来越多的证据，我们可以清楚地看到：强大的工作记忆是取得好成绩最关键的因素。这一结论将智商拉下神坛，也解开了很多高智商儿童（或者说天才儿童）在学校表现不好的谜团。

天赋真的这么重要吗？

杰夫是传说中早慧的孩子，对世界总是充满好奇，似乎比幼儿园里每个同学懂得都多。大多数人都会认为他的智商一定很高。确实如此，天才儿童的门槛是智商达到130分。学校对孩子的天赋也许另有判定因素，但多数人都只会考虑智商。

人们可能还会觉得杰夫长大后一定可以成为成功人士——企业高管、律师、医生，都有可能。但是结果并非如此。他跳槽来跳槽去，最后只能去做勤杂工。发生了什么？如果他真的天赋异禀，不是应该非常成功吗？人们通常都这么以为，但我们发现事情没有这么简单。

心理学家对"天赋"这个概念已经痴迷了近一个世纪。刘易斯·特曼（Lewis Terman）就是其中之一，他将一生中大部分时间都投入这个有趣的问题上。20世纪初期，他设计了斯坦福-比奈智商测验（Stanford-Binet IQ test），这是世界上最早的一批智力测试之一；也是他最早提出"资优儿童"这个表述。他开展了"天才的遗传研究"这项长期追踪计划，将智商测试中得分最高的1%视为资优儿童，作为对象，追踪记录他们的一生。这项开创性的研究进一步加深了我们对天才的认知，但原来的问题今天仍未解决。

特曼的同事梅利塔·奥登（Melita Oden）发现，这些研究对象从事的职业有天壤之别。最成功的100人中有医生、律师、科学家，最不成功的100人则是泳池清洁工、木匠等。可惊人的是，他们的智商水平几乎没有差异。

所以为什么有些资优儿童脱颖而出，而有些却不行呢？许多人都认为有天赋的学生学习不好是因为他们根本就不够努力，包括很多教育工作者都持这一想法。但真的是这样吗？

有一次，我正好有机会与美国资优儿童协会合作。我兴奋地意识到，这是一个探究天才们的人生成就为什么相差甚远的绝佳机会。我利用这次合作，找到了解释这一问题的一些证据。我对一组资优儿童进行了智商与工作记忆测试，结果显示两项分数之间没有明确联系。虽然所有孩子的智商都很高，但并不是每个人都有很强的工作记忆。事实上，有些孩子的工作记忆很弱。

我发现，智商高但工作记忆弱的学生成绩不好的可能性更大，智商和工作记忆双优的学生则最有可能取得优异成绩。下例可以说明工作记忆、智商和学习成绩的关系。假设两个高中生麦迪逊和艾玛，她们的智商都很高，同上一门为资优学生开设的英语课。从重要作者到文学作品，从单词拼写到定义，再到文学史上的重要时间点，在掌握这类事实性知识的表现上两人不分伯仲。但是，当要求她们写论文比较《华氏451度》和《一九八四》两本著作时，两人的差距就体现出来了。

麦迪逊的工作记忆较弱，她的文章主题不够清晰，逻辑不够连贯，成绩为C；艾玛的工作记忆较强，可以巧妙地将所有信息整合在一起，成绩为A。从长远来看，这两个学生谁会更成功？是艾玛。智商和工作记忆何者作用更大？是工作记忆。

现在，越来越多的研究揭示了工作记忆和学业成就的联系，或许是时候用新方法定义和衡量天赋了。智商衡量的是知识储备，而社会和学校应该意识到，天赋指的不仅是课堂内的优异成绩，还包括在课堂之外取得成就的能力。同时，既然工作记忆是预测学习成绩的最佳指标，我们认为学校应该以工作记忆测试来衡量天赋，而非过分依赖智商测试。

学习风格对成绩会有什么影响？

教育研究界普遍认为，学习风格对学习成绩影响显著。这一理论指出，每个人适合的学习风格是不一样的。目前较为常用的分类方式为言语型（Verbalizer）与图像型（Visualizer）、整体型（Wholistic）与分析型（Analytical）。

- 言语型：擅长语言学习；
- 图像型：擅长图像学习；
- 整体型：关注大局；
- 分析型：关注细节。

为了了解不同学习风格对学习效果的影响，让我们重新回到高中的科学课堂。今天课程的主题是冰川及其形成。老师在幻灯片上展示了约塞米蒂（Yosemite）国家公园的照片，演示冰川形成的各个阶段。你善于接受以图像为载体的信息，因此迅速掌握了冰川形成的基础知识。但是你的同学布兰登更喜欢用文字解释冰川形成过程的幻灯片，因此理解图像有些费劲。另一个同学阿里觉得这个概念很难掌握，因为老师只描述了各个形成阶段的细节信息，而没有提供整体介绍。

根据学习风格理论，在课后测验中，你可以取得好成绩，但布兰登和阿里就不一定了。学习风格理论的支持者认为，学习风格决定了你在哪门科目中会有更好的表现。比如，英国伯明翰大学的理查德·赖丁（Richard Riding）提出，分析型学习者的学习成绩往往更好，因为他们更关注细节，可以快速抓住问题的核心。语言型学习者成绩也不错，因为学校教学主要是基于文字信息而非图像，因此他们可以从中接受最多的知识。但是，这一理论可能忽略了一个关键因素。

我以一组英国高中生为样本进行了一项研究，探究工作记忆、学习风格和学习成绩之间的关系。与美国一样，英国高中生必须参加标准化考试，包括英语、数学、科学、历史和地理等各类学科。我让学生填写了常用的学习风格问卷，然后拿出我的标准化测试考察他们的工作记忆。结果很明显：无论拥有哪一种学习风格，工作记忆较强的学生在所有科目上都表现出色。图像型学习者的表现与言语型学习者的不相上下，而整体型学习者的成绩也与分析型学习者的难分伯仲。

这个结果似乎挑战了学习风格理论，在我们看来却是非常合理的。无论知识是以图片还是文字的形式呈现的、是细节的还是整体的，拥有良好工作记忆的学生能够根据不同情况调整自己的学习风格。他们可能也会有一定的偏好，但即使知识呈现的方式不符合自己的偏好，也不会阻碍他们学习。

工作记忆让游戏规则更加公平

工作记忆对成功如此重要，以至于先天条件不再是未来成就的决定性因素。为什么这么说？智商可能与父母的收入、居住的地域密切相关，但工作记忆在全社会是均等分布的。

　　来看看似乎生活在平行世界的两个8岁孩子。多米尼克家住豪宅，仅卧室就有10间，每天坐奔驰汽车上下学。放学后，司机会送她去马场学习马术，或者去父母在乡下的俱乐部上网球课。乔治是二代美国移民，与单亲妈妈、外祖母和两个弟弟住在只有一间卧室的公寓里。每天早上，他要步行一英里去上学，放学后直奔家中照顾两个弟弟和外祖母，直到妈妈下班。

　　结果你可能已经猜到了，多米尼克的智商测试得分比乔治高。这很正常，因为智商与父母的收入和受教育程度密切相关，赚得越多、学历越高，孩子的智商就越高，可能是受教育程度高的父母能够给孩子提供更多机会去锻炼智商测试所考察的素质。

　　但是根据我的研究结果，多米尼克的工作记忆水平未必比乔治高。我对比了幼儿园孩子的工作记忆与其父母的学历，结果很明显——孩子的工作记忆水平不取决于父母的学历。我做过的另一项实验也证明了这一点。父母是高中毕业还是有博士学位，并不重要。

　　我们想把这些结论纳入研究范围，于是搜集了来自英国不同地区的孩子的邮政编码信息，用一个市场营销数据库将其家庭所在社区按照社会经济水平进行划分，从而识别出他们来自低收入地区还是富裕地区。然后，我们比较了他们的标准化智商测试和工作记忆测试分数。智商测试通常用来考察一个人知道什么，比如以文字形式呈现的关于世界的知识。而工作记忆测试考察的是一个人如何运用自己掌握的知识。

　　可以想象，低收入地区的孩子拥有的学习机会可能没有富裕地区的孩子那么多，他们的智商测试得分也低得多。但是，在工作记忆测试上，两组孩子的得分非常相似，优势相差无几，即都具备成功所必需的基本技能。这表明，如果低收入家庭的孩子与高收入家庭的孩子拥有同等的学习机会，低收入家庭的孩子也可能取得学业上的成功。

要想明白为什么工作记忆水平是学习能力的决定性因素，就得重新看看课堂学习对学生有哪些要求。

学前儿童的一小步，工作记忆的一大步

在孩子的一生中，进入幼儿园学习是一件大事。这标志着他们进入新的年龄阶段，告别之前的人生了。他们不再享有父母或保姆一对一的照顾，也不再享有那些适配自己的个体需求、行为、性格和学习习惯的日常服务。以下是几个例子：

· 约翰尼性格格外活跃，他只有在一边扭动身体、跳来跳去，一边喊出答案的时候才学得最好，但现在他需要学会静坐；

· 玛丽擅长理解以图片形式呈现的信息，但现在只能抄写黑板上的词句；

· 蒂姆喜欢挑战难题，但现在他得等待自己的同学跟上自己的思路。

在30人以上的班级里，教师很难让课堂安排满足每个孩子五花八门的习惯。因为那样的话，课堂秩序可能会陷入一片混乱：约翰尼和其他几个孩子可能会像袋鼠一样跳来跳去；玛丽看到杰克和吉

尔拎着一桶水，会希望老师把这个场景画下来；其他同学还在吸收课堂知识，蒂姆已经急匆匆地开始学习下一课的内容。对大多数孩子来说，上学提供了人生中第一次根据别人的期待来调整自己的行为的经历，而不是爸爸妈妈做出让步来迎合他们。

用认知领域的术语来说，从游戏室进入教室，相当于尼尔·阿姆斯特朗（Neil Armstrong）迈出太空飞船踏上月球，相当于在汹涌的大海中学习游泳，相当于在漆黑的森林中漫步——是进入未知世界的巨大挑战。这就好像，孩子们的工作记忆指挥官原先只需要协调几种乐器，却突然被推去指挥一个交响乐团。现在，孩子们得抄写黑板上的文字，克制自己不去逗班级宠物，无视周围同学的悄悄话和"咯咯"的笑声，听从陌生老师复杂的口头指示，控制自己不把讲义折成纸飞机，当然还要学习如何阅读、写字和算术。工作记忆可以帮助他们适应这个美好的新世界。

孩子们的工作记忆必须保持持续运作。

·周围同学的悄悄话、前桌亮眼的粉色书包都有可能分散他们的注意力，工作记忆则可以帮助他们抵御这些干扰，还能让他们时刻清楚任务的进展情况；

·记住数字、字母还有作业里的单词，都离不开工作记忆；

·工作记忆有助于信息的短时记忆和任务的快速完成。

阅读、写作和算术等课堂任务要求孩子们处理各种类型的信息，工作记忆对此至关重要。无论哪种任务，都需要调动工作记忆来处理以下两种基本信息中的一种，有时需要同时处理这两种信息。

·文字信息：孩子读到或听到的内容；

- 图像信息：图画、数字、地图、图案等，他们闭上眼可以想象出来的内容。

阅读

阅读主要涉及文字，需要用到布罗卡氏区和韦尼克区这两个语言中枢，分别用于理解文字和言语。19世纪神经病学家保罗·布罗卡（Paul Broca）和卡尔·韦尼克（Carl Wernicke）发现，大脑这两块区域受损的患者难以正常说话，由此发现了这两块脑区的功能。工作记忆对于理解文字信息同样十分重要，它可以让孩子在阅读时记住前因后果，并结合上下文充分地理解文章内涵。

比如，小马里昂正在读一个句子："划艇漂浮在水中，旁边有海豚在嬉戏。"对于成年人而言这句话非常简单，一眼就能读懂，但是孩子的阅读速度要慢得多。布罗卡氏区和韦尼克区会细细琢磨每个单词的含义，一旦遇到不明白的地方，比如"旁边"，就会停顿。

在工作记忆指挥官的帮助下，马里昂把这个单词分解为两个部分。首先是"旁"，她将这个部分发送到布罗卡氏区和韦尼克区，工作记忆提醒她认识这个字。对"边"的理解重复了同样的过程。然后，指挥官将两个字的定义合在一起，理解了整个单词的含义。最后，她根据刚刚获得的单词含义调整对句子的理解，终于明白了这句话的意思是海豚在划艇附近。

书写

在我们写这本书时，发生了一个小插曲。有一天清晨六点左右，我和罗斯都在睡梦中，我们的大儿子醒了。罗斯起床给他冲了一碗麦片粥，将他安顿在厨房餐桌旁，桌上堆满了关于写书的笔记，然后罗斯回到床上继续睡觉。再次醒来时，儿子自豪地向他展示了自己写的字。你可以想象罗斯当时惊喜的心情。（左图是原文；右图是儿子写的字。）

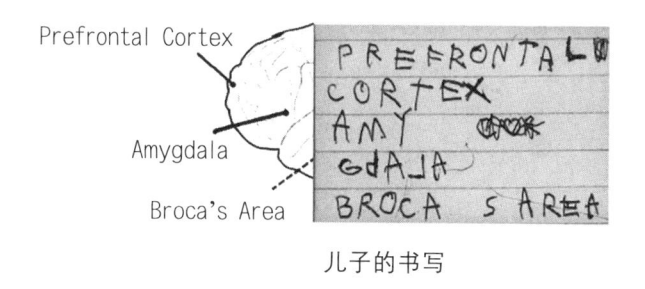

儿子的书写

当时，我们的儿子正在学习阅读，对他来说超过一个音节的单词就很难理解，所以在严格意义上，这是一次书写练习。他需要通过工作记忆来处理文字和图像信息，即字母及其出现的顺序。我们之前教他，把每个字母念出来，而不是将单词作为字母的集合来记忆。一开始用这种方法识字很慢，但是他可以读出任何单词，而不仅仅是那些他认识的。他还喜欢用字母大写。

来看看他写的第二个字母。"Prefrontal"（前额）这个词很难，但布罗卡氏区和韦尼克区帮他识别出了字母"r"，工作记忆又帮他记住了这个字母。接下来，他运用工作记忆把小写的"r"转换为大写的"R"并记在心里，然后在纸上写下大写的"R"。

此外，他的工作记忆还要处理大量的图像信息。"Prefrontal Cortex"（前额叶皮层）一词位于插图顶端，用于书写的纸一开始相对空白，所以容易留出足够的空间写字，工作记忆指挥官只需要记住刚刚书写的字母以及正在写的字母。因此，开始写"Prefrontal"时，他只需要专注于字母"P"（已经写过的字母）和"R"（正在写的字母），同理，接下来是"R"和"E"、"E"和"F"等，直到拼完整个单词。

但是写下一个词组时，他要处理的信息又多了两个。现在他不仅要借助工作记忆指挥官记住已经写过的词组"Prefrontal Cortex"，还要处理列表中下一个单词及构成它的字母。正如图中所示，信息含量一下子多出许多，超出了布罗卡氏区和韦尼克区的负荷，于是下一小节的主角出场了——杏仁核。

基于我们以往的研究结果，从人一生每个年龄阶段工作记忆的强度来看，和我们的儿子同龄的孩子平均只能记住两条信息，因此我们对他能同时处理更多的信息很自豪。尽管指挥官有些超负荷，他仍然没有放弃，着实让人高兴。（要是他不挑食、能吃菠菜就更好了。）

算术

12+9=？

这道题看起来像小菜一碟，但是对于小孩子来说可能非常困难，因为解答它涉及的好几个步骤都需要用到工作记忆。遇到横式算术题时，按照下列步骤进行分解，就能明白为什么这道题比看起来要难了。以下是每个步骤的大脑活动：

第一步：提取出"2"和"9"，传送到顶叶内沟，完成计算的第一步。

第二步：把计算结果"11"存入工作记忆。

第三步：由工作记忆将"11"中的第一个"1"和"12"中的"1"相加。

第四步：在工作记忆中将"1"更新为"2"，然后和"11"中的第一个"1"相加，得到答案"21"。

这道数学题的难点在于，它是横式而不是竖式。经常有孩子算出错误答案"121"，因为他们的工作记忆相对较弱，无法正确完成每一个步骤。

我以200多名7岁和8岁的孩子为样本做过一项研究，发现儿童的工作记忆得分与其做算术题的能力直接相关。做这些题时，要按正确顺序处理数字，而工作记忆发挥了非常关键的作用。

到高年级后学业出现困难

常常有些孩子在小学时学习表现不错，但是进入中学、大学以后成绩上不去了。他们并没有注意力缺陷、多动症或者阅读障碍，但就是跟不上同学的进度。老师和父母都一筹莫展，又百思不得其解。这其中的罪魁祸首往往就是这些孩子的工作记忆太弱。

我带领团队开展过一项大型研究，以3000多个孩子为样本，探究为什么一些学生升入高年级后成绩会下滑。她把孩子们分为年龄较小的一组（5岁和6岁）和较大的一组（9岁和10岁），对比了他们的数据。她发现，同龄人工作记忆的差距会随着年龄的增长而扩大。在年龄较小的那组，工作记忆较弱的孩子中只有三分之一在语言和数学测试中得低分。而年龄较大的那组，这个比例几乎翻了一番。

这个现象有很多原因可以解释。低年级时，老师会重复讲授同一个概念，也会提供记忆支持以帮助他们学习。随着年龄的增长，孩子们需要独立学习，此时工作记忆较弱的学生就会相对吃力。同时，课堂内容也变得更为复杂，没有足够的工作记忆，就无法应对日益困难的学习挑战。

到了高等教育阶段，这一差距便愈加明显了。我以近400名大学生为样本进行了实验，研究哪些能力可以保证优秀的阅读、拼写和理解表现。研究表明，工作记忆在其中起着至关重要的作用。在大学阶段，学生需要对给定的材料进行复杂的分析。他们不仅需要记住更多的新信息，给出有创意的问题解决方案，还需要提出让人信服、超越现有研究成果、能为课题研究提供新思路的观点。

在整个人生中，工作记忆对学习都非常重要。这一结论来自林思·哈什尔（Lynn Hasher）和罗斯·扎克斯（Rose Zacks）的工作记忆和衰老研究综述。他们分析了一些关于语言技能和阅读理解的研究，总结认为，工作记忆不足会导致相关能力障碍。他们特别提到了一项研究。实验中，老年人和年轻人需要分别阅读一些有复杂语法的文本，这项任务对工作记忆有着较高的要求。与年轻人相比，老年人的工作记忆相对较弱，对文本的理解更容易出现问题。研究也发现，尽管有一些人年事已高，仍然有良好的表现。关于工作记忆与衰老的关系，在第九章中我们会了解更多信息。

工作记忆和学习障碍

在任何一间教室里，可能有一两个学生存在特殊需求或学习障碍，比如注意缺陷多动障碍（俗称多动症）、阅读障碍和自闭症。人们通常不会把这些病症联系起来。它们虽然确实表现迥异，但往往有一个共同点：工作记忆弱。工作记忆和学习障碍之间的联系非常复杂，包括我们在内的广大研究人员仍在探索。以下是迄今为止发现的冰山一角。

注意缺陷多动障碍

9岁的杰森是班上的破坏大王。他会不停地踢面前的桌子，制造出"砰！砰！砰！"的声音，或是突然从椅子上跳起来，在不该讲话的时候插嘴，完不成作业，以及在老师讲话时走神。但他并不是故意要惹麻烦。他不过是占全美国9%的多动症儿童之一。但这意味着杰森不聪明吗？像这样的多动症儿童究竟为什么无法管束自己的行为、专心上课？

患多动症的学生运动皮层往往过度活跃，也就是说他们比常人更喜欢晃来晃去、蹦蹦跳跳、大喊大叫，而且通常是在最不合适的场合。如果他们暂时保持安静，那是因为他们的工作记忆指挥官非常努力地控制住了他们的行为。但正因为指挥官忙着控制行为，所以无法帮他们理解新概念、誊抄板书内容或是阅读文本。指挥官不能一心二用：要么放弃学习，要么放弃行为自控。

2005年，在英国政府资助下，我负责了一个项目，调查小学生工作记忆与多动症之间的关系。我对比了近100名临床诊断为多动症的学生与健康同龄人的工作记忆分数，发现前者得分大多非常低。这一发现也得到了大脑成像扫描的证实。扫描结果显示，患多动症的学生前额叶皮层较小，这也许是他们工作记忆水平低下的原因。

目前还没有足够的证据明确指出工作记忆水平较低与多动症之间有因果关系，但两者之间似乎具有某种联合效应。多动症削弱了工作记忆；同时，较弱的工作记忆又加剧了多动症。就好比你的大拇指扭伤了，伤口里还嵌着很大的碎屑，让你感到很疼；取出碎屑，疼痛可以减轻，但是扭伤的疼痛还在。你面临的是两个不同的问题，但解决其中一个，就有可能改善你的大拇指功能。工作记忆弱和多动症也是一样的，目前的共识是这是两个独立的问题，但是如果解决其中一个，就有可能提高孩子的学习能力。

事实上，糟糕的工作记忆水平与多动症是如此如影相随，以至于人们往往将工作记忆测试作为诊断多动症的重要手段。如果父母或老师担心孩子患多动症，应该带他去检测工作记忆，以明确背后的真正原因。

阅读障碍

14岁的泰勒在学校一直过得很不好。她说自己"很笨"，因为她觉得阅读很困难，作文也总是写不好。事实证明，她患有阅读障碍，比如把某些字母（如B和D）混淆，按照读音拼写单词时错误频出（比如把"friend"拼成"frend"），把数字写反（把"41"写成"14"）。

一些心理学家认为，阅读障碍的根本原因是工作记忆太弱。工作记忆会记住语言，包括语音和语义，从而识别单词、理解文本。工作记忆还有一个功能是按照正确顺序排列信息，这也是为什么泰勒这样的学生经常会看不懂信息，因为他们的指挥官"迷路"了。

　　我以大学生为样本进行了一项研究，发现工作记忆和阅读障碍之间的联系也存在于成年人身上。我找来一组患阅读障碍的大学生和一组无异常的大学生，对比了他们的工作记忆分数，发现在需要对单词和语言进行处理的题目中，前者分数较低。这说明，阅读障碍与工作记忆确实相关。

自闭症

　　10岁的马丁很喜欢恐龙。有关霸王龙、剑龙、三角龙的知识他都能倒背如流。但是如果问他心情怎么样，或者和他讲个笑话，他可能只会安静地看着你。马丁患有自闭症，这会导致一系列问题，包括沟通和社交障碍、兴趣狭窄以及对仅有的兴趣过于专注，等等。

　　数十年来，研究人员一直致力于找出这些问题背后的罪魁祸首，但没有任何具体发现。虽然相关研究证实工作记忆与自闭症之间存在联系，但不能明确指认工作记忆弱为病症源头。

　　我与一家自闭症慈善机构合作开展了实验，发现自闭症儿童很难记住处理语言所必需的信息。由于社交互动的本质是语言交流，人与人之间的交往高度依赖于口头表达，因此，自闭症儿童会面临无法理解社交情境的困难。

　　通过这项实验，我发现，自闭症儿童在细节上会花费太多时间，因而难以看清全局。比如，有一道工作记忆测试题目是要求一个学生对一个陈述句判断"是"或"否"，然后记住句子的最后一个单词，如"狗会弹吉他"。这个学生花了很长时间思考这个问题，然后回答："可以教狗弹吉他！"他严谨细致地思考了这句话，结果忘记了还有第二项任务。

大脑成像结果显示，自闭症儿童的胼胝体较小，胼胝体是大脑左右两半中间的连接区域，这里分布着大量神经纤维，它负责将信息从一侧传递到另一侧。自闭症患者的胼胝体就像单车道，而同龄人的胼胝体则是四车道高速公路，信息传输量和传输速度都不在一个级别。从这个角度回头看，自闭症儿童对细节的过度关注，可以解释为他们的大脑中确实存在交通堵塞。

但这并不说明自闭症儿童的工作记忆都相对较弱。对于学龄儿童，工作记忆水平取决于其自闭症类型，比如高功能自闭症学生的工作记忆可能就与常人无异。

那么能否通过增强工作记忆来缓解大脑内的交通堵塞呢？相关研究仍在起步阶段，但前景颇为乐观。我曾于2012年在德国风险儿童个人发展与适应教育研究中心发表了一次演说，该中心的一个研究课题就是哪些练习形式可以提升自闭症儿童的工作记忆水平。关于这个话题，更多详细信息会在后文展开。

从实验研究到真实世界

随着人们对工作记忆及其在学习中的重要性的认识不断加深，人们也越来越关注如何运用工作记忆来提高学习和生活质量。最开始，我得花费大量时间联系老师和家长，说服他们理解工作记忆的重要性；后来，这一观点逐渐深入人心，大家开始主动找上门来。现在我每天都接到大量来自父母、老师、特殊教育工作者、学校心理健康教师、行政人员、学校董事会和政府人员的咨询。大家都在寻找将工作记忆能力最大化的有效方法。

对于问题学生的父母而言，了解到工作记忆与学习之间的关联是一种安慰。有一次，我刚刚结束一场演讲，一位母亲走过来，眼含着泪水告诉我，自己11岁的女儿学习非常吃力，老师们基本上已经放弃她了。她了解到工作记忆对学习的作用之后，感觉女儿还有希望。在知道我和学校的老师还有办法帮助到她的女儿后，她非常兴奋。

还有一些父母伤心地告诉我，高中的升学指导老师说他们的孩子根本不用费那么大劲去申请大学，因为他们无法应付大学的高难度学习。但是，在接受了工作记忆训练后，这些孩子不仅顺利进入了大学，有一些甚至还取得了荣誉学位。

有时候，有些老师为了帮助个别学生来寻求我的专业意见。譬如，13岁的亚当在课堂上破坏教室设备。老师想知道，是亚当的注意力有问题，还是学习材料过于复杂，或是运动技能的问题导致他无法控制自己的动作。我给亚当做了评估，结果显示，他患有多动症，而且工作记忆水平较低，所以难以控制自己的行为，这让他很受挫。有了这些信息，亚当的老师为他定制了个性化学习计划，缩短连续学习的时间，比如不用连续做两道数学题，而是做完一道题，休息一下，再做下一道题。改变学习方式之后，亚当能更好地控制自己的行为，在学业上也进步了。

还有一些学校对此很感兴趣，计划引入以工作记忆为重点的系统性教学方法。比如在英格兰一所著名的招收患阅读障碍的学生的学校，校领导对我的研究有所耳闻，邀请我来到学校演讲。我大致介绍了教学方法可以如何调整，具体内容在本章末尾的"工作记忆练习和策略"有所罗列。这些方法调动了学生的工作记忆，让他们能够更加专心阅读。

在美国，越来越多的学校也向我寻求帮助，调整学校的教学方式，以更好地调动学生的工作记忆。堪萨斯州一所学校引入了我们开发的阿洛韦工作记忆评估系统和训练软件"丛林记忆训练法"，并改革了教学方法，在课堂上采用某些教学策略来减轻学生的工作记忆负担。

虽然学术研究已经充分证实工作记忆对学习的作用，但并不是所有的老师或学校管理者都意识到这一点。我曾在一所K-12学校（即涵盖幼儿园、小学、中学的基础教育学校）做过演讲。演讲前，学校一位美术老师说，工作记忆对她的美术教学应该意义不大；但听了我的介绍后，她坦白说："我现在明白了，课堂上我说的每句话、做的每件事都离不开工作记忆。我在课堂上给学生发出的指令，或是让他们使用的某种绘画技巧，都是对他们工作记忆的挑战。因此，我发出的指令的数量对学生是有影响的。"

有些老师觉得，没有必要关注工作记忆，因为学校在课堂上提供了记忆辅助。在小学里，墙上的数字列表或字母表等记忆辅助工具很常见。但是工作记忆较弱的学生可能不知道如何有效使用这些记忆辅助工具，或者他们的工作记忆指挥官无法在使用这些工具的同时完成学习任务。如果老师意识到这些问题，帮助这些学生用好记忆辅助工具，他们在学习上的问题就可以迎刃而解。

工作记忆对学习的帮助涉及方方面面，以上只是其中一小部分，而在全国乃至全世界，已有成千上万的学生从中获益。

工作记忆训练助力取得更高成就

不少学校和家长希望借助工作记忆的力量来提高孩子的学习成绩，计算机训练程序越来越多地吸引了他们的注意力，其中就包括"丛林记忆训练法"——一款专门用于提高与学习相关的工作记忆技能的程序。这款程序还可用来训练学生的注意力，以及处理信息尤其是处理一些复杂概念的能力。

我们已有的研究表明，"丛林记忆训练法"可以有效提升学生的成绩和工作记忆水平，无论是普通学生、存在一般学习困难的学生，还是有阅读障碍或自闭症等学习障碍的学生。在一项研究中，我发现，困难学生在接受了8周的"丛林记忆训练法"训练之后，他们的语言和数学成绩最多能提高10分。这就相当于学生的成绩从C上升到B或者从B上升到A。他们的工作记忆也有所加强。为了确保科学有效性，我们设置了对照组进行比较。我们为对照组的学生提供额外的学习辅导，但不使用"丛林记忆训练法"。对比结果显示，对照组在工作记忆或学习成绩上没有明显改善。

我与苏格兰阅读障碍救助会合作进行了临床试验，结果表明，学生定期接受"丛林记忆训练法"训练后，标准化工作记忆测试分数显著提高，语言和数学标准化考试成绩也改善了。我在2010年和2011年的苏格兰阅读障碍救助会会议上介绍了这一发现。

为了了解工作记忆训练对于提升自闭症儿童学习能力的作用，我们以高功能自闭症学生为对象进行了实验。具体而言，我们想了解的是"丛林记忆训练法"能否提升他们的工作记忆水平和学习成绩。我们将参与者按训练频率分为3组：8周时间内，第一组每周训练4次，第二组每周训练1次，第三组不进行训练。

我们分别在实验开始前和结束后，对所有学生的智商、工作记忆和学业水平进行了一次标准化测试。结果表明，与其他两组相比，第一组测试成绩提升显著，其中工作记忆从较低水平提升到平均水平，学习成绩平均提高了5分，也就是从B-提高到B+。为了验证实验结果是否持续有效，8个月后我们对所有小组进行了第二次测试，结果表明第一组学生在工作记忆和学习成绩上取得的进步没有减退。

作为研究人员，我们花费了大量时间处理数字、分析数据，看到这样的结果自然感到兴奋。但是，最让我们感动的，还是听到孩子的父母亲口告诉我们，"丛林记忆训练法"帮上了大忙。这是9岁的卡森的母亲写给我们的话：

卡森很喜欢"丛林记忆训练法"，他每周都在进步。自研究开始以来，他在不断尝试阅读更高难度的书。我觉得这个过程让卡森对自己的能力越来越有信心。今天我在学校见了他的老师，她告诉我，卡森在识词和拼写上进步显著，从去年的0分提高到7.5分。

学校也应关注工作记忆

现在我们知道了工作记忆对学习至关重要,这一发现无论是对学校教学还是对家庭学习都颇有意义。之所以应当测试所有学生的工作记忆,是因为对学生的工作记忆水平的掌握是一个强有力的工具。有了这个工具,老师可以改变学生的学习结果。通过工作记忆测试,我们可以了解学生的长处和短板,从而更清楚为什么有些学生无法充分发挥能力,哪些学生在某一方面需要额外帮助,以及哪些学生应该接受更难的挑战。掌握了这些信息,老师可以更好地在课堂上分配时间和精力,找到与每个学生相处的最佳方式,帮助他们提高学习成绩。

此外,了解学生的工作记忆水平,可以大大转变老师和父母的思路。比如,原先他们以为孩子成绩不好是因为懒惰,但现在他们就会意识到是工作记忆出现了问题,因此可以通过调整学习方式来帮助孩子取得更好的成绩。同样,以前他们可能以为困难学生的成绩永远无法改善,但现在,他们明白工作记忆训练或减轻工作记忆负荷可以帮助这些学生更好地学习。在本章末尾的"工作记忆练习和策略"部分,我们介绍了许多小技巧,老师们可以运用这些技巧,避免在课堂上让学生的工作记忆超负荷运作。

尽早发现学生的问题,可以帮助现金流紧缺的教育系统缓解巨大的财务压力。正如上文描述,如果孩子的工作记忆不够强大,他们进入学校后会面临更严重的学习问题。假设一个面临语言学习障碍的孩子在7岁时没能获得她所需要的帮助,那么到12岁时,她就会在所有功课中面临困难。这时再去解决问题，需要花费的时间、精力、资源和财力要大得多，越早解决问题，总成本就越低。

尽早帮助孩子克服学习困难，也有利于降低辍学率，提高美国教育在全球发达国家的排名。美国希望联盟的数据显示，全国每26秒就有一名学生辍学，高中毕业率只有75.5%。在教育领域，美国在全球处于落后地位。根据国际学生评估项目[①]的评估结果，美国在34个参与排名的国家/地区中，阅读成绩为第14名，科学成绩为第17名，数学成绩为第25名。然而，政府对公立学校的资助仍大幅减少。为了解决这些问题，我们需要新方案。越来越多的研究和实践都证实，加强工作记忆训练可以有效又实惠地提升教学质量。

工作记忆练习和策略

教师版

工作记忆测试

我开发的阿洛韦工作记忆评估系统，标准化程度和准确度很高，有助于学校和老师基于工作记忆的知识，提升教学效果。阿洛韦工作记忆评估系统已被翻译成近20种语言，为全球数千所学校使用，生成精准的工作记忆档案，但仍有成千上万的学校尚未体验到这一测试的便利。

---

① 国际学生评估项目，经济合作与发展组织进行的15岁学生阅读、数学、科学能力评价研究项目。从2000年开始，该项目每三年进行一次。——译者注

工作记忆支持

了解学生的工作记忆水平只是第一步。我们已经找到了许多可以调动工作记忆提升学习成绩的方法。总体而言，我们的目标是减少不必要的工作记忆负担，这样学生就可以把精力集中在重要的事情上。

⬢ 习惯，习惯，还是习惯

每次老师向学生讲解新知识、介绍新的阅读书目，都对学生的工作记忆提出了要求。为了更好地学习概念、掌握阅读内容，学生需要调动工作记忆，关注学习过程。可是事情往往没有这么顺利，因为许多老师可能在不知不觉中增加了学生的工作记忆负担。

比如，许多老师会打乱教学计划，或者打破常规顺序，学生通常先拿出方格纸再拿出尺子，老师却要求他们颠倒顺序。这要求学生有意识地做一些与平时不同的事情，加重了他们的工作记忆负担。类似情况应当尽可能避免。不要打破惯例，除非惯例本身存在问题。这样，学生才能把工作记忆集中于重要的新概念和阅读书目上。

⬢ 黄点、红点、绿点

教室中所有物品都应该摆在适当的位置。马克笔要分类归置，字典要放在书架上，绘画纸要放在正确的抽屉里。如果孩子要花很长时间到处寻找铅笔或是水粉颜料，那么在他们找到时，他们也许已经忘记使用这些东西的目的。尤其是幼儿园到小学六年级的孩子，他们经常随手乱放东西。为了保证一切物品归位，可以尝试简单的色彩标记方法：书本上标黄点，书写或绘画工具上标红点，各种纸张上标绿点。这样，学生们就很容易从视觉上记住每种物品的位置，有限的工作记忆也可用来全力处理学习任务了。

➲ 分解任务

对于学生的工作记忆而言，最难的任务是理解老师的指令。他们必须记住每条指令，然后按照正确的顺序执行。如果指令太多，学生很容易不堪重负。指令越多，执行的难度就越大，学生就越有可能放弃完成任务。了解学生的工作记忆能力，是老师解决这一问题的关键。

各年龄段学生工作记忆能力

年龄（岁）	工作记忆能承受的指令数量（条）
5—6	2
7—9	3
10—12	4
13—15	5
16+	6

➲ 回归基础

在课堂上，学生可能仅仅掌握了基础知识，老师却要求他们完成复杂任务，这一现象非常普遍。一个典型例子是阅读理解。比如，有一道题要求解释这句话的意思："她抓住盒子的一角并捡起了它。"有的学生可能还没有学过"角"这个字的读音，就卡在这里，结果来不及思考整句话的意思。这时，老师应该带领学生钻研最基础的发音规则，这样他们才能顺畅地读下去，不会因为个别字词的读音卡住，从而解放工作记忆，理解整个句子。

家长版

减少学习干扰

在学校，老师应当避免给学生的工作记忆增加不必要的负担；家庭学习也一样，父母也应当避免干扰孩子的工作记忆。其中最重要的一件事就是关掉电视。孩子的大脑可塑性很强，无论是牙牙学语的婴儿、蹒跚学步的幼儿还是学龄儿童，他们大脑内的神经元正处于建立连接的阶段，正是这些神经元连接决定了他们的人格和对事物的反应模式。如果想让他们学会笑，就要多对他们笑；如果想要丰富他们的词汇量，就要经常和他们聊天；如果想让他们爱上户外活动，就得让他们多出门玩耍；但如果想要他们减弱注意力和思考能力，让他们更加被动，只需要一样东西——电视机。

迪米特里·克里斯塔基斯（Dimitri Christakis）的研究结果证实，孩子有必要远离电视。2004年他发表了一份研究报告。他以1200多名儿童为对象开展了为期6年的跟踪实验，分别在他们1岁、3岁和7岁时进行测试。他发现了一个惊人的事实：孩子在1岁和3岁时每天看电视的时间越久，他们在7岁时注意力就越有可能出现问题。

如果想要开发孩子的工作记忆，就必须限制他们看电视的时间，尤其是在年纪很小的时候。美国儿科学会建议，两岁以下的孩子不应该接触电视，两岁以上的孩子每天可以看1—2小时非暴力的教育性节目。不看电视的时候，可以鼓励孩子从普通的物件中寻找乐趣，比如把盒子当成宇宙飞船，把勺子当成剑，把妈妈的鞋当成玻璃拖鞋，把爸爸的鞋当成火箭靴，以此锻炼孩子的工作记忆。

为孩子读故事或让孩子为你读故事

之所以读故事,不仅是因为孩子喜欢,更是因为在听的时候他们要动脑筋理解故事,从而锻炼工作记忆。在给他们读完书后,可以问问他们关于这个故事的问题,让他们运用工作记忆,认真思考刚刚听到的内容。需要注意的是:如果他们要求一遍遍听同一个故事,不要让步。同一个故事听的次数多了,孩子回答问题就成了背诵。故事已经成了长期记忆的一部分,也就不再需要动用工作记忆进行理解了。多读一些新故事,才能挑战孩子的工作记忆。

父母很容易觉得孩子看的故事无聊,于是不愿意花太长时间给他们读书。我们的大儿子很喜欢一本儿童读物,罗斯一开始也觉得这本读物挺有趣,但很快就厌烦了。于是,罗斯制定了一条规则,如果儿子想听罗斯读故事,就得由罗斯来选择自己喜欢的作品,比如约翰·弥尔顿的《失乐园》、莎士比亚作品节选或者《哈罗德国王的传奇故事》这样的历史书。效果令人满意,儿子听不懂的时候,会主动提问,然后两人会进行讨论。所以,如果你厌倦了儿童读物,可以试试给他读你自己感兴趣的内容,比如美国总统传记、商界大佬回忆录、野外生存的冒险故事等。你的孩子可能听不懂所有内容,但他们的理解能力可能会让你颇为惊喜。也可以根据孩子的年龄和能力,鼓励他读给你听,一个词、一句话、一页、一章甚至更长的内容都可以。

制作简单食谱

制作简单轻松的食谱可以调动工作记忆。如果这份食谱是给孩子看的,最好只包含几种简单的原料,比如煎饼(面粉、牛奶、鸡蛋、糖、黄油）或者新鲜意大利面（鸡蛋、面粉、橄榄油）的食谱。家长应该提前把步骤读给孩子听，而不要让孩子自己看食谱——这样可以确保他在处理食材的同时，调动工作记忆来记住步骤。开始前，家长应当提前准备好所需的用具和食材。

⮑ 新鲜意面儿童食谱

1个鸡蛋

1杯面粉

1汤匙橄榄油

1. 将面粉倒在砧板上并堆起，然后在中间挖洞，将其堆成"火山"的形状。

2. 打一个鸡蛋，将蛋液与橄榄油一起倒入堆好的"火山"中。小心地混合蛋液、橄榄油和"火山"洞内壁的面粉，其间注意不要破坏"火山"的形状。

3. 用手掌和手指将"火山"压扁，把所有原料混合在一起，捏成球形，然后在上面撒一些面粉。

4. 用擀面杖将做好的球压成薄片，把面粉洒在薄片上，再卷成管状。

5. 请爸爸妈妈用刀竖着切开管状面管，使之成为螺旋状面圈，将面圈拉直成面条状。

因为每个步骤包含了不止一个动作，所以要根据孩子的年龄和工作记忆水平，每次指示他完成一个或两个步骤。8岁以下的孩子，每次完成一步即可；8岁以上的孩子，可以每次尝试完成两步。

根据记忆绘画

接下来这个有趣的方法也可以调动孩子的工作记忆：

1. 给她展示一幅图片，比如一辆车、一片沙滩，或者某幅名画。
2. 将图片拿走。
3. 让她通过画画尽可能多地把记忆中的图像还原出来。这需要用到工作记忆，因为孩子在画画时，脑海里一直保留着图片的内容。要确保他们以前没有看过这张图片，这样图像的内容就存放在工作记忆中，而不是长期记忆中了。

第六章

全新的身心连接——工作记忆与运动

你可能会好奇,为什么同在比赛的重压之下,有些运动员濒临崩溃,有些却镇定自若?为什么专业滑雪运动员可以疾速滑下最高难度的双黑钻石道,而我们普通人光是想想就害怕?为什么花高价上完高尔夫球课之后,水平反而变差了?为什么比赛还没开始,有些运动员就已经拱手认输?为什么人们总是觉得运动员四肢发达、头脑简单?为什么明明从小就开始练垒球,可参加公司垒球比赛还是接不上球?无论是顶尖运动员、教练、球迷、运动爱好者还是普通人,这些问题已经困扰了人们几十年。而答案就在于工作记忆。

作为业余运动员和体育爱好者,我们决定探索工作记忆与运动成就之间的关系。本章我们将介绍目前已有的许多发现中体育活动对工作记忆的影响。

一些学界已有的精彩发现已经证实了工作记忆与运动成就之间相互关联,并且发现工作记忆可以是运动成就的助力,也可以是运动成就的阻力。它有时需要被调动,有时却需要被抑制。把握这一平衡并不容易。能否自如地在两种状态之间切换将在很大程度上影响我们的表现。做运动时，很多时候我们都需要关闭工作记忆，以保证身体能够下意识地迅速做出反应。同时，我们也需要做好随时调动工作记忆的准备，以分析状况，制定策略。就拿网球选手塞雷娜·威廉姆斯（Serena Williams）和维纳斯·威廉姆斯（Venus Williams）来说，她们需要在比赛中迅速考量并做出判断，从而在正确的时间、正确的位置打出一记稳妥的反手制胜球。再比如佩顿·曼宁（Peyton Manning）这样的橄榄球四分卫，他需要判断防守形势，依靠丰富的经验和强大的工作记忆快速决定是否应该往前传球、将球传给谁，或是将球回传给后卫。

2012年，瑞典的一项研究证实，工作记忆对体育运动非常重要。研究人员分别以职业足球运动员与普通人为对象，开展了一系列认知测试，包括工作记忆类测试。结果显示，不论男女，那些来自与美国大联盟及小联盟球队同等级别的欧洲球队的职业球员得分都高于非运动员参与者。最有趣的是，在所有被试中，大联盟球队运动员得分最高。研究人员认为，在连续的训练下，优秀球员的工作记忆不断获得锻炼。在比赛中，迫于时间压力，球员必须用工作记忆评估形势，将其与过去的比赛经验进行比较，提出新方案，并快速做出决策。因此，下次见到四肢发达的运动员，可不要以为他头脑简单了。

做到工作记忆调动抑制自如有度（同时不分散注意力）的关键，在于熟练掌握该运动的基本动作以保证动作的完成无须思考，从而释放工作记忆，让其严阵以待，必要时随时被激活。

如果要理解工作记忆在运动中可能起到的反作用，可以回想一下自己学习一项新运动或新技能的经历，比如打网球时从单手反手击球进阶为双手反手击球，或是滑雪时从双板到单板。试图掌握教练教授的所有动作会给工作记忆带来巨大压力，直接导致工作记忆的崩溃。我陪狂热滑雪爱好者罗斯在瑞士阿尔卑斯山旅行时，就体验了这种经历。我没有滑雪经验，因此报名参加了一节培训课。教练英语说得很好，也非常讲究细节，在允许我滑下坡之前，一项项确认我的姿势，比如臀部与背部必须呈一定角度，手臂必须摆在正确的位置，膝盖必须弯曲到指定的角度，滑雪板的倾斜必须恰到好处，等等。

教练让我记住所有要点，并且在第一次尝试滑行时在心里默念所有要点。

臀部就位，手臂就位，膝盖就位，滑雪板就位……扑通！大概15秒后，我摔倒了。那么多的技术要点需要关注，我的工作记忆高速运作，导致大脑无力协调动作与平衡。为什么会这样？让我们看看工作记忆运动学习回路，也就是学习体育运动时的工作机制。这一回路包含以下三个部分：工作记忆（前额叶皮层）、运动皮层、小脑。

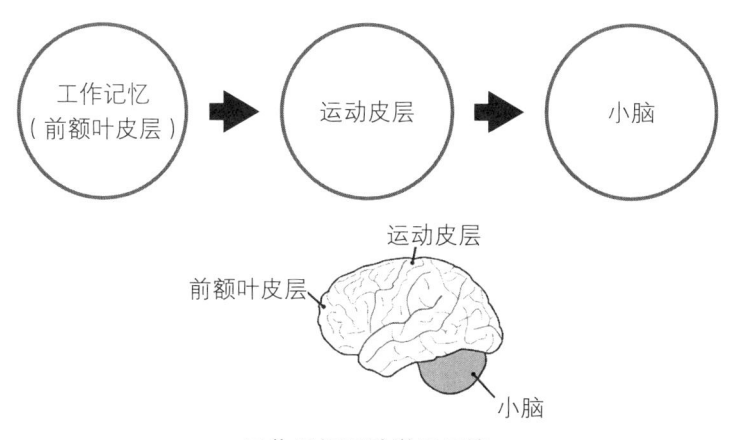

工作记忆运动学习回路

1. 当教练进行指导，工作记忆会通过前额叶皮层，也就是大脑认知中心，对指令进行处理。

2. 前额叶皮层会把这些信息传输给小脑——大脑的协调中心，并在大脑中对这些动作进行演练。

3. 最后，小脑把信息传输给运动皮层，也就是负责随意运动[①]的脑区，指挥肌肉按照教练的指示运动。

这三个步骤就像排球中的"跳、传、扣"。每个队员接到球后都要按照顺序快速完成自己的任务，这样队友才能接下去完成他们的任务。其中任何一个队员出错，整个链条就会断裂，队伍就会失分。同样的状况可以出现在各种运动中。滑雪运动员摔得四仰八叉，棒球运动员三振出局[②]，高尔夫球运动员将球打进沙坑，等等。运动员越是试图关注更多信息，运动过程就越容易出现差错。

进入状态

如果运动时"进入状态"，就完全不同了，这时好像根本不需要思考，身体可以很自然地完成正确的动作。罗斯是个滑雪健将，那次旅行中他学会了刻滑的高阶技能，和我作为新手初试相比较，就是"进入状态"与否的差别。刻滑是一种高级转弯技能，滑雪者身体急剧倾斜，滑雪板的边缘在滑道上刻出弧形，感觉就像在铁轨上滑行。罗斯尝试了好几年，一直没有成功。所以，借着我上新手课

[①] 随意运动，受意识调节、具有一定目的和方向的运动。——译者注
[②] 三振出局，棒球或垒球运动中，击球员三击不中则出局。——译者注

的机会，他报名参加了刻滑班。与我的教练不同，他的教练话不多，后来他发现，这点恰恰就是他学会刻滑的关键。

教练没有给出详细指示，只是拉了一根绳子，让罗斯抓住一端，我抓住另一端。然后，教练让罗斯尽可能地俯身，膝盖离滑道只有大约一英寸，滑雪板也倾斜到了边缘。看吧！教练没有过多语言指导，罗斯只要把身体尽可能倾斜，就能体验到刻滑的真实感觉。之后，他只要重新找到这种感觉就可以了。

在第二次尝试中，他就学会了刻滑。这么多年来，他都只能在脑海中想象，现在终于体验了真正的刻滑。罗斯不需要在脑子里面逐项检查要点，工作记忆不再被各种动作技能所占用，因此可以专注于处理赛道上的各种状况了。

罗斯的教练跳过了工作记忆运动学习回路，直接进入小脑—运动皮层循环，让罗斯体验刻滑的感觉，而不是先树立认知理解。这一循环被激活后，工作记忆进入替补状态，小脑与运动皮层相互合作，如同精确调配的二重奏。罗斯只需去执行，而不需要思考，整个过程一气呵成，毫不费力。这就是"进入状态"。

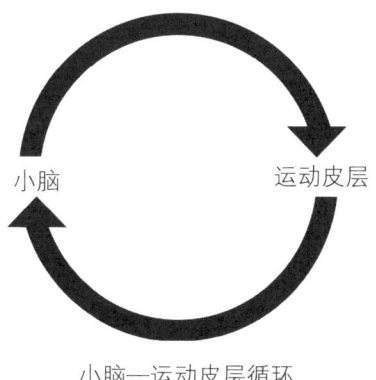

小脑—运动皮层循环

重压下的崩溃

你是否有过这样的经历？足球比赛进行到关键时刻，自己却一脚把球射偏？或是去打高尔夫球时，本想一杆进洞博得满堂喝彩，却把球打进了树丛里？很多人都经历过这些尴尬的局面。即使是酬劳高达几百万美元的职业运动员，面对巨大的压力，也可能发挥失常。在1986年世界棒球大赛总决赛中，波士顿红袜队的比尔·巴克纳（Bill Buckner）犯下低级错误，把世界冠军拱手让人；2011年在奥古斯塔举行的美国高尔夫大师赛决赛中，新星罗里·麦基尔罗伊（Rory McIlroy）原本领先对手四杆，却浪费了这一看似无法被追及的优势，最终落后于冠军整整十杆之遥。参与过体育运动的人都知道，压力过大可能会导致失败，但人们可能不知道，这与工作记忆有很大关系。

香港大学运动及潜能发展研究所所长理查德·马斯特斯（Richard Masters）开展了一系列实验，研究工作记忆对运动表现的作用。结果显示，如果某项运动或技能的习得动用了工作记忆，那么你在进行这项运动或使用这一技能的过程中因为压力而失败的可能性就会增加。

在其中一项实验里，他将参与者分为两组，分别学习高尔夫推杆。对第一组参与者，他运用顶尖的教学方法，非常详细地讲授了推杆过程。这一组参与者需要在学习时用到工作记忆运动学习回路，记住教练的指导，然后在实际操作中加以运用。第二组参与者则没有接受任何指导，直接练习推杆。研究人员在训练过程中设置了节拍器，每当节拍器响起，参与者就需要随机报出某个字母。如此一来，研究人员"分散"了他们的工作记忆，让工作记忆无法在练习过程中起作用。

两组参与者均需连续5天每场推杆100次。在训练的最后一天，压力来了。研究人员告诉他们，参与过英国公开赛的专业球手会来近距离评估他们的表现，如果他们表现出色，就可以获得更多报酬。研究人员检测了参与者的心律，让他们填写了焦虑情况调查表，并且记录了他们完成推杆任务的时间是否比平时花费得更长，以核实这次"激励"是否给参与者带来了压力。"激励"措施的确达到了预期的效果，两组参与者在这一天都相当焦虑。但是，表现变差的只有第一组，也就是在练习过程中运用了工作记忆运动学习回路的那一组。由于他们在学习推杆时需要不断思考动作，因此他们的工作记忆指挥官没有余力应对焦虑情绪。相反，第二组参与者由于在学习时不需要用到工作记忆，他们的工作记忆指挥官可以自如地处理压力，推杆表现也没有变差。

如果你也有在关键时刻无法正常发挥能力的情况，那就怪罪工作记忆运动学习回路吧。

暂时忘记工作记忆

"熟能生巧"的道理人尽皆知，但这并不是绝对真理。就像我和罗斯的滑雪故事一样，如果在心里默默检查自己的动作，反而可能会影响表现。所以我们建议把这句话改成"忘记工作记忆，才能熟能生巧"。那么怎样练习才能达到这种效果呢？这就需要我们运用两种无工作记忆技巧：疲劳训练法和基础巩固法。

疲劳状态下学习一项新运动看起来好像会适得其反，因为根本没有力气记住任何动作要领。其实并非如此，疲劳训练法反而是学习并牢记新技能的最佳方式。

竞技性强的运动有时会组织"地狱周"活动，教练会要求运动员超越身体极限，达到精疲力尽的状态。比如高中和大学里的摔跤运动，每周都是"地狱周"。虽然每场摔跤比赛不会超过7分钟，但平时的训练可能长达数小时，内容包括力量举升、爆发力增强、排汗短跑和动态健美操。教练并不是为了折磨运动员，而是因为当他们大汗淋漓、喘着粗气时，更能学好新动作。原理如下：

英国奇切斯特大学学院的特里·麦克莫里斯（Terry McMorris）团队在一项运动员疲劳测试中发现，在精疲力尽状态下，工作记忆会大大减弱。研究人员让运动员在高温和高湿度环境里待了两个小时，让他们进入疲劳状态，然后立即对他们进行了一系列身体测试和认知测试。结果显示，当运动员感到疲劳时，工作记忆水平会下降。

也就是说，当我们很疲倦时，大脑会直接进入小脑—运动皮层循环。无论是打算学习全新的运动，比如直排轮滑、骑马或探戈，还是在掌握一定基础之后学习新的技巧，比如轮滑中的向后直排滑行、骑马中的障碍跳跃、普通舞蹈基础上的嘻哈舞，这种方法都很有效。

接下来介绍基础巩固法。说到"基础"，人们不太可能联想到滑板，毕竟往往是叛逆的青少年才会参加这项有难度的活动。但是要造就高水平的滑板艺术，可以归结为一个要点：基础技能训练。我们很高兴地邀请到了历史上最有影响力和最重要的滑板选手之一罗德尼·马伦（Rodney Mullen）。他向我们介绍了基础技能训练的重要性。

马伦创造了一些滑板运动中最常用的技法，比如平地豚跳，即处于静止或平滑状态时，一脚猛踩滑板后部带板起跳。他向我们解释道，虽然这种技法看起来只是简单的跳跃，但其实极其复杂，它可以分解为许多具体步骤——蹲伏，将滑板弹起，起跳，前脚向上滑到前轮，抬起后脚，使整个身体跟随滑板一起离地。对于初次尝试这种技法的人，他不建议分解出这么多步骤，因为整个过程不到一秒钟，来不及体会其中的奥妙。他建议分别练习每个步骤，记住单个动作的感觉。

拉里·范德维特（Larry Vandervert）一直在研究这种练习技巧。他发现，有意识地练习单个动作可以将其嵌入运动皮层，然后在小脑中反复演示，由此形成多重记忆。随着时间推移，记忆不断构建并叠加，从而提高动作的自动化程度和效率。最后，无须工作记忆也可以完成整个动作。

马伦的解释与范德维特的极其相似。他将练习过程形容为"覆盖"的过程，每个分解动作都像毯子一样覆盖在其他动作之上。对于每一个独立的动作，他都花上几个小时练习完善，然后再重新将所有动作依次叠加覆盖在一起——练习了几百个蹲伏之后，再叠加将滑板弹起的动作，然后叠加跳起的动作，依此类推。如果没有熟练掌握每个独立的动作，就试图完成完整的平地豚跳，恐怕是不可能的。

动作叠加是训练习惯的关键。我们总是急于求成，希望能跳过基础技能的训练。但最好还是分解步骤，巩固每一个动作，然后再将其串联起来。比起篮球上篮、网球击球，不断地练习接球和向空中扔球的确很无聊，但是这些基础动作牢牢印在大脑中后，就不再占用工作记忆空间，在最重要的高压时刻，你就可以自如地集中精力完成最关键、最高难度的动作了。

唤醒工作记忆

在掌握了基础技能后，工作记忆就得以释放，因此我们能够创造性地应对突发情况，这就是小脑—运动皮层循环最大的好处之一。基础技能可以不断练习，但在球场上、跑道上、滑道上，总有一些始料未及的情况是我们从未经历过的，是我们的小脑—运动皮层循环不熟悉的。这时，就需要叫醒工作记忆开始正式"工作"了。

如果你曾经看过苏格兰圣安德鲁斯的高尔夫球赛转播，就会知道，在狂风骤雨中，即使是经验最丰富的球员也可能黯然失色、惨遭淘汰。然而，这样的意外是危也是机，反而可能造就异常精彩的表现。这一道理对普通人也适用。

罗斯在高中时打过篮球。在一次比赛中，教练给他的任务是在内线外投远球。但是罗斯无意中发现了对方内线的一个防守缺口。要穿越这个缺口，他需要完成一系列动作。他以前做过这些动作单独的训练，但他从未将其连接在一起完整实践过。他用一侧肩膀带动身体穿过了防线，在防守队员间争取出更多空间，在球篮下转身，成功反手上篮。

当时他根本不知道自己是怎么做到的，因为以前从来没有练过这样的动作。现在他明白这得归功于工作记忆。平时他对每个动作都进行过反复训练，到了关键时刻，他的工作记忆指挥官规划了这样的顺序，传输到小脑，进而传送到了运动皮层。

拉里·范德维特将罗斯即兴上篮的这一过程称为预测模型。该模型由美国神经科学家帕特里夏·戈德曼-拉基奇（Patricia Goldman-Rakic）和丹麦大学的佩·罗兰德（Per Roland）研究得出。他们认为，体育运动中常常出现意外情况，比如对手做出假动作、滑雪道冰面过于光滑，此时工作记忆可以规划最佳应对方法，找出最合适的动作。前额叶皮层作为工作记忆的存储脑区，将信号传送到小脑和运动皮层，小脑再计算出需要的力度和持续时间以执行动作，比如需要用多大力气击球，或是需要跳多高。这样，通过预测模型，在工作记忆的指挥下，我们得以应对网球比赛中的快速移转，突破篮球赛场的严防死守，甚至在更加极限的运动中挽救生命。

徒手攀岩世界纪录保持者亚历克斯·霍诺尔德（Alex Honnold）的故事也是一样。徒手攀岩非常危险，攀岩者不能使用绳索、登山钩环以及其他辅助工具。如果顺利，这是攀岩者与岩石之间的周旋；一旦失败，便是攀岩者与山谷的会面。霍诺尔德尤其擅长陡峭山崖上高难度路线的攀爬，是少数几个在约塞米蒂国家公园半穹顶的花岗岩上徒手登顶成功的攀岩者之一。他的厉害之处在于，在攀登这些路线时，他的小脑—运动皮层循环基本不会停止运转。

我们采访了霍诺尔德，了解他在攀登过程中是在什么时间点、用何种方式唤醒他的工作记忆的。他告诉我们，大部分时间他的大脑处于放松状态，所有基本动作都由小脑控制，在执行时基本无须思考。但是遇到高难度挑战时，他就需要唤醒工作记忆。

在攀岩中有一个术语叫"贝塔"，它是攀爬某段高难度路线的一系列固定动作，是经过验证的最佳方案。"贝塔"通常是为绳索攀岩设计的，在有绳索固定在山壁上保障安全的情况下，攀岩者的冒险意愿更高。因为没有绳索的保障，霍诺尔德通常不考虑"贝塔"，在遇到状况的时候只能随机应变。一次，他在内华达州一处1000英尺高的岩壁攀登时就遇到了这样的情况。他说，在整个攀登过程中，他基本处于放松状态，但是在接近山顶时出现了问题。

"我顺利往上攀爬，慢慢接近山顶。这时候，我发现了崖壁上方有一个巨大的裂口。岩石上有之前攀登者用粉笔留下的标记，接下去该如何操作很清楚。如果要利用这个裂口，很多人都会选择跳跃的方法。但我采用的是徒手攀岩，所以肯定不会考虑跳跃。"他必须找到新方法，以到达裂口。"我相信一定会有别的方式，于是反复查看那个角落，最后发现了这个小小的口子，经过几次尝试后，最终找到了一条新的路径。"他应当感谢自己的工作记忆在关键时刻被激活，帮助他找到了登顶的路线。

面对恐惧，灵活开关工作记忆

能够灵活启动和关闭工作记忆，是保持最佳表现的关键，有时甚至生死攸关。对于具有一定危险性的活动，比如在高难度急流中漂流、在陡峭山地上骑行、在80英尺高的巨浪上冲浪，活跃的工作记忆可能会加剧危险，甚至致命。这是因为工作记忆运动学习回路有时恰恰会让我们的身体做出错误的反应。巨浪挑战者莱尔德·汉密尔顿（Laird Hamilton）在他的《自然之力》一书中如此描述：思考"阻碍了身体的动作"。

因此，面对恐惧，我们的大脑会自动关闭工作记忆，这其实是自我保护。面对危险，比如一只1500磅的大灰熊迎面奔来，人的大脑会产生一系列化学反应，杏仁核会感知到威胁，发出信号分泌肾上腺素和皮质醇（又称压力荷尔蒙）这两种行为激素，使身体和大脑做好"要么战斗要么逃跑"的准备。肾上腺素使血液涌出、呼吸道扩张，血液流向肌肉，让身体更强壮；皮质醇则使体内血糖浓度升高，为身体提供"优质的燃料"。

这些激素让我们变身超人的同时，也调弱了工作记忆。大量研究发现，血液中皮质醇和肾上腺素越多，工作记忆就越弱。研究人员为实验对象模拟了各种压力场景，发现人们越害怕，就越难以思考。这也是一件好事，因为工作记忆被调弱后，我们可以通过小脑—运动皮层循环，让两块脑区直接传输诸如跳跃、击打、躲避或逃跑等信号，而不必在周全的思考上浪费时间。

但是，在紧张刺激的高难度运动中，比如"巨浪冲浪"（又称"拖曳冲浪"，由摩托艇将冲浪者拖入海浪中），工作记忆仍然至关重要。像莱尔德·汉密尔顿这样的"巨浪冲浪"者要完成3个动作，才能穿越巨浪——首先放开摩托艇的绳索，然后冲入海浪中，最后在底部转身冲出海浪。在他冲入海水之前，其工作记忆其实已经在充分运作了。他必须计算出放开绳索的时间,以确保可以冲入浪花中。

你可能会认为,既然恐惧会调弱工作记忆,那么在这种情况下冲浪者的工作记忆也会有所削弱。毕竟,谁都会担心自己放开绳索的时间不对,不免胆战心惊。但一项有趣的研究表明,在这一阶段,杏仁核并不会释放行为激素。2008年,中央兰开夏大学的萨里塔·罗宾逊(Sarita Robinson)团队让10位实验对象参与了一次直升机水下疏散演练。这一演练模拟了一种高压情境:参与者被困在倒置沉没的直升机中,需要找到全身而退的方法,浮出水面。研究人员发现,参与者的皮质醇水平并未显著提升,这说明尽管知道危险即将到来,参与者的工作记忆仍在充分运作。

在汉密尔顿冲入海浪后,他的杏仁核转为涡轮传动模式,工作记忆进入待机状态,小脑—运动皮层循环开始工作,对海浪的状况做出快速而下意识的反应。如果一切顺利,汉密尔顿便可以安全地从海浪中脱身。在下一波海浪打来之前,工作记忆可以一直保持待机状态。不过,一旦出现一些意想不到的状况,比如出现巨浪,他仍需要启动工作记忆,才能确保安全。

基于对工作记忆和运动的了解,我们对汉密尔顿迄今为止最惊险的一次冲浪经历进行了解读。苏珊·凯西(Susan Casey)在一书中,详细描述了这一惊心动魄的事件。2007年12月3日,在毛伊岛,高达50—100英尺的海浪咆哮着,如同一堵堵高墙。汉密尔顿一进入浪花,便意识到这一片海浪前进的速度超过预期,很快就将落在他身上。他马上终止待机状态,重新激活工作记忆,当机立断中途放弃。

但是具体怎么做到的呢？越过海浪原路退回已经是不可能的了，因为海水已经接近头顶。于是他决定干脆直接穿过海浪，回到背后。他成功了，但他随即发现，下一个高达80英尺的海浪正伴着雷鸣般的涛声直奔而来。他的冲浪伙伴布雷特·利克勒（Brett Lickle）及时抓住了他，并发动了摩托艇的引擎。然而巨浪猛烈，一浪接一浪，不断将两人砸入水底。在混乱中，汉密尔顿的冲浪板划破了利克勒的小腿，伤口深入腿骨，鲜血喷涌而出。没有止血带，利克勒随时有丧命的危险，但是所有装备都在几百码[①]外的摩托艇上。此时，汉密尔顿只得再次启动工作记忆来解决这一困境。

他的工作记忆有至少4项信息需要处理：海浪奔涌而来；自己深陷痛苦，精疲力竭；朋友疼痛难忍，急需止血带；在根本没有材料的情况下，如何制作止血带。他的工作记忆指挥官对信息进行了优先排序，立刻将最后两项信息排到了最高级。他意识到自己身上的弹力紧身潜水衣可以用来止血，于是扯下湿衣，绑在利克勒的伤口上。这为他赢得了时间，但是他必须马上想办法带朋友从海浪中逃脱。

他意识到，在这种情况下带着同伴一路游到岸边是不可能完成的任务。于是他决定先取回摩托艇。但他很快发现，用来启动引擎的电子安全绳不见了，利克勒在颠簸中将它弄丢了。于是，汉密尔顿不得不再次启用工作记忆，在已有物品中寻找安全绳的替代品。这个任务有些困难。最后，他在杂物箱中找到了一副iPod耳机，拆卸改装后成功启动了引擎。

---

① 码，距离单位，1码约等于0.9144米。——译者注

在这一生死攸关的时刻，他是怎样做到重启工作记忆的？为什么他没有像大部分人那样，在恐惧之下束手无策？明尼苏达大学的穆斯塔法·阿布西（Mustafa al'Absi）团队的一项研究或许解释了这一问题。他们在实验中招募了一组身体健康的成年人，让他们准备并发表一系列公开演讲，通过这一引发高度压力的情境来提高其体内的皮质醇水平。参与者需要在这种高度紧张的状态下，完成一组工作记忆测试。

阿布西的研究团队采集来的血液样本显示，其中一些参与者在高压下的皮质醇浓度比其他人要低。对我们来说，这一研究最有意义的发现在于皮质醇水平较低的参与者工作记忆测试结果也要优于其他人。这表明，同样处于惊恐状态时，皮质醇分泌较少的人能更好地激活工作记忆来解决问题。当然，我们没有对汉密尔顿的血液进行分析，但是我们可以大胆猜测，他属于这一类群体，荷尔蒙分泌量少，对工作记忆的削弱程度低。

因此，能否像莱尔德·汉密尔顿这样灵活开关工作记忆，可能是一个生物学问题。但是，只要我们尝试绕开工作记忆，运用潜意识来练习运动技能，所有人都可能有精彩表现。当工作记忆得以释放，我们可以更加机敏而自如地应对运动中随处可见的意外情形。

运动对工作记忆的反向作用

多年来我们一直致力于开发工作记忆训练工具，希望找到提升大脑效能的方法。同时，我们也在努力确认可能危害工作记忆的行为和活动。坏消息是，有些体育运动的确会对工作记忆产生负面影响，特别是接触类运动，比如足球、拳击和冰球。具有讽刺意味的是，这些能够破坏工作记忆的运动恰恰需要高强度的工作记忆才能完成，比如本章开头提到的佩顿·曼宁的橄榄球运动。

的确，人人都爱看橄榄球比赛中的激烈对决。然而比赛再有趣，也无法改变其对运动员造成的损伤。越来越多的证据表明，不论年龄，橄榄球、拳击、曲棍球、冰球，甚至足球等接触类运动都可能导致脑震荡 [比如拳王穆罕默德·阿里（Muhammad Ali）]。运动时间越长，患病可能性越大。脑震荡可以对工作记忆造成极大伤害，可能导致冲动行为、抑郁症和痴呆症。也许短期内你不会感受到危害，但长期来看会出现认知能力下降等问题。

脑震荡的直接症状包括头晕、神志不清、分不清方向和头痛。这些通常都是化学损伤的结果。大脑正常工作时，就像一台完美的化学仪器，但是如果头部遭到重力撞击，强烈的冲击会破坏神经递质、钾、钙和葡萄糖之间微妙的平衡。

脑震荡就像把大脑放进搅拌器，一切都被打乱了。脑细胞中的神经递质溢出，释放了大量钾离子。钾离子带有电荷，从细胞内部溢出到外部后，会导致细胞极性改变，进而影响大脑正常运转。为了恢复原先的平衡，细胞进入超速运转状态，用专门的泵将钾离子抽回细胞内。这就需要额外的葡萄糖来满足能量消耗，最终导致反应性低血糖。如果在尚未完全恢复的情况下再次遭受震荡，大脑的损伤会更加严重，因为此时的大脑缺乏恢复脑内化学平衡所需的能量。

判断自己的大脑是否经历了"搅拌器的洗礼"看起来似乎很容易,但是研究表明,大脑受损时,我们自己可能完全意识不到。医生也不一定检查得出来。普渡大学托马斯·塔拉瓦奇(Thomas Talavage)团队的一项研究显示,脑震荡后,你可能不会经历任何诸如头痛、眩晕或方向感缺失的常见症状。

在这项研究中,研究人员在高中橄榄球运动员的头盔上安装了感应器,跟踪他们在一整个赛季中的大脑活动。结果,在头部受到撞击后,许多运动员没有出现任何症状。随行队医也没有给出脑震荡的诊断。但是功能性磁共振成像显示出明显的大脑创伤。

球员的工作记忆其实受到了严重的伤害。赛季前后,研究人员分别测试了他们的工作记忆,发现所有球员赛后的工作记忆水平都有所下降,他们必须花费更多精力,才能完成赛季之初所完成的同样的任务。

这一损伤在短期内无法恢复。反复遭受大脑创伤,可能导致运动员的工作记忆长期受损。波士顿大学医学院的研究表明,经历多次脑震荡后,前额叶皮层会积聚一种名为"Tau"的异常形态蛋白,形成神经原纤维缠结,即神经细胞内扭曲纤维的集合,就像打结的圣诞灯球一样。这种缠结可能会造成额颞叶痴呆这种致命性疾病,导致判断力和抑制力不足,产生强迫行为、食欲不振以及思维缺失。

若想保持工作记忆最佳状态,我们应当避免接触性运动,或者等待将来这类运动进行改革、脑震荡风险降低后再尝试这类运动。但这也不是宅在家里的借口。越来越多的证据表明,缺乏运动也会导致大脑功能下降。只要不击打面部或撞击身体,体育锻炼就可以增强工作记忆。我们曾经做过相关研究，发现有一种活动对于提高脑力格外有效。

跑出强大工作记忆

布鲁斯·斯普林斯汀（Bruce Springsteen）的那句歌词"宝贝，我们生来就要奔跑"不是一句玩笑话。克里斯托弗·麦克杜格尔（Christopher McDougall）的《天生就会跑》一书也普及了一个观念，即人体生来就可以适应跑步，尤其是耐力跑。人类在长距离跑步上的表现比地球上其他任何哺乳动物都要好。这是我们特有的技能，如果我们愿意的话，甚至可以击败善跑的鹿。

我们就像一台长跑机器：臀大肌带动臀部与腿部；双脚像弹簧，将每走一步所产生的能量循环传递至下一步；躯干牵制着扭动的臀部肌肉；摆动的双臂就像减震器，保持着身体的稳定。而最重要的是人体拥有大量汗腺，却没有厚重的毛发，有利于跑步时散发热量。相比之下，鹿和羚羊等四足动物需要通过喘气才能散发身体热量，而跑步和喘气又不能同时进行，因此如果长时间跑步，它们的体内就会积聚过多热量。

哈佛大学的丹尼尔·利伯曼（Daniel Liberman）认为，以上这些生理特点相叠加，使得我们的祖先能够长距离奔跑，追捕猎物，使猎物身体过度发热，直至最终将其杀死。人类通过奔跑捕获食物，从而获取大脑思考所需的能量。因此利伯曼认为，在某种意义上，人类是为了能够思考而奔跑。虽然如今大多数人不再需要通过奔跑获取食物，但跑步仍然可以改善大脑功能。研究表明，跑步有助于降低抑郁症患病率，促进生成新的脑细胞，释放带来愉悦感的内啡肽混合物，以应对高压状况。

伊利诺伊大学的一项研究表明，跑步也可以改善工作记忆。研究人员希望了解运动是否有助于改善工作记忆，如果答案是"是"，哪种运动形式最有效。他们对比了跑步和举重的效果，结果发现举重对改善工作记忆的作用基本为零，但跑步改善了大脑的表现。刚刚跑完步时效果尤为显著，工作记忆水平急剧提高。在之后的半个小时内，其工作记忆水平都保持在高于跑步前的状态。看到这一研究结果，或许不少健身爱好者要重新选择自己的锻炼方式了。

之所以跑步的效果如此显著，是因为跑步过程激活了前额叶皮层。日本福祉大学的铃木三井（Mitsui Suzuki）等科学家使用光学成像技术观测了跑步对前额叶皮层的影响。他让参与者头戴装有激光二极管和光传感器的帽子，打开激光时，传感器可以检测大脑对光束的吸收效果，从而确定特定脑区中血红蛋白的数量。血红蛋白浓度越高，前额叶皮层的激活程度就越高。

实验参与者分别在跑步机上慢走（慢于2英里/小时）、快走（快于3英里/小时）、中速跑步（大约5.5英里/小时，即每跑1英里用时约11分钟）。铃木发现，慢走或快走根本不会提高前额叶皮层中血红蛋白的浓度，但是跑步的效果则非常明显。换言之，跑步锻炼了前额叶皮层。铃木总结认为，这可能是因为跑步的不确定性较高，需要大脑时刻控制步态和速度，从而激活了前额叶皮层，让工作记忆投入工作状态。

既然跑步时大脑需要使用工作记忆来控制注意力，是不是对注意力的控制程度越高，对工作记忆的锻炼效果就越明显呢？为了得到答案，我们决定重新开始，脱掉鞋子，测试赤脚跑步的效果。哈佛大学的利伯曼是相关研究的领军人物，他的研究表明，赤脚跑步可以显著提升跑步机能。

在人类创造出耐克鞋之前的近200万年里，赤脚一直是最原始而自然的"跑鞋"。现代跑鞋鞋底跟部通常都有厚厚的护垫，我们在跑步时通常都会选择脚跟落地，由此产生的强烈碰撞感会顺着双腿往上延伸直至腿部关节。相比之下，赤脚跑步往往是双脚中部或前部着地，震动更小，在操作正确的情况下，对身体的损伤也更小。

大多数人原先都是穿鞋跑步，所以转变为赤脚跑步后需要调整姿势。一开始，双脚落地的位置容易离重心太远，力度太大，臀部肌肉也没有正常扭动。要纠正这些问题，需要同时关注许多细节处的身体感受。脚掌落地位置是否在臀部下方？有没有保持轻柔的脚步？脚是平直着地还是弯曲着地？

当这些问题得到解决之后，就需要动用我们对外界刺激的感受能力了。我们需要关注穿鞋跑步者不需要关注的东西，譬如视觉刺激，即你能看到的东西，以及触觉刺激，也就是双脚能感受到的东西。我们必须动用视觉与触觉来确保双脚落地的正确位置，不然会遭受疼痛。对于习惯穿鞋的我们来说，光脚踩上任何坚硬的东西，譬如玻璃、锋利的石头，哪怕一棵小小的树枝，双脚都会有强烈的疼痛感。因此光脚的人对跑步的认知主要基于双脚的感受：是粗糙还是柔软，平稳还是光滑，凉快还是暖和。

我们开展了一项研究，探究相对于穿鞋跑步，赤脚跑步的额外认知输入能否转化为认知益处。此前学界还未对此做过相关研究。我们分别让赤脚跑步者和穿鞋跑步者填写在线问卷，完成一系列工作记忆测试。问卷内容包括他们在哪种地形上跑步、穿什么鞋子（如果有穿的话）等。

数据结果非常有趣，证明了跑步时脚上有没有穿鞋与工作记忆之间有非常重要的联系。赤脚跑步者比穿鞋跑步者的工作记忆水平更高。这不难理解。

周末时，我们一家人很喜欢赤着脚穿越苏格兰高地的小径，在草地上奔跑，越过溪流，在尖利的岩石上轻舞，同时留心不要踩到绵羊的粪便。这样的周末有趣极了，但很快我们就发现，要是不集中注意力，我们就很容易滚落山坡或是摔个四脚朝天。

虽然穿不穿鞋都可能摔跤，但赤脚跑步涉及更多的感官刺激。这些额外的感知能够提高人们对周围环境的警觉程度。我们认为，这是因为当有跑鞋保护的时候，我们就可以选择性地关注周围的事物，而直接忽略诸如鹅卵石、盘根错节的树根之类的微小事物。但是对于赤脚跑步来说，我们需要关注脚下的所有细节。对于地面任何一个微妙信息的忽略都可能带来痛苦的惩罚。也许正是对大量感官刺激的处理让赤脚跑步者拥有了更强大的工作记忆。

研究证实跑步可以提高工作记忆水平，而赤脚跑步的效果尤为明显，这一发现意义非凡，因为这说明心智能力是可以提高的。我们在锻炼身体时，也在锻炼大脑。

工作记忆练习

以下几条建议可以让我们在学习新技能、参加运动训练时关闭工作记忆，让大脑直接进入小脑—运动皮层循环。我们还为运动教练和家长列出了一些小技巧，用于改进教学方法，充分发挥教学对象的潜能。

向最好的老师学习

我们在小脑中可以存储正确的动作，也可以存储表现一般的动作。正式上场比赛时，大脑"武器库"中装载的都是我们最初学到的动作。因此，请务必选择具有良好教学资质和经验的教练。

给教练的小建议：选择模仿能力最强的选手上场。选择时，优先考虑能快速掌握并模仿正确动作的选手，而不一定是比赛经验最丰富的选手。

选择一对一私教课

从零开始学习一项运动时，尽量远离团课，选择一对一私教课。虽然私教课一开始看起来更贵，但长远而言，无论是金钱还是心理负担都更轻。在私教课上，没有其他人分散教练的注意力，我们可以更快更正确地掌握新技能，因此总体的课时数反倒可以更少。

给教练的小建议：如果选手在赛场上表现不好，可能是因为他没有学会正确的动作。可以给他提供一对一指导，把他在场上的表现一步步拆解开来分析，向他示范正确动作。

少说话，多感受

学习新技能时，最好选择不会给出太多口头指示的教练。说话太多意味着占用太多工作记忆，会妨碍小脑—运动皮层循环的运转。最好的教练会帮我们感受正确的动作和姿势，知道什么时候不该说话。而我们应该做的则是少提问题，认真模仿教练的动作。提问会占用工作记忆，而模仿则着重于感受。

给教练的小建议：学会不说话。想象自己的嘴巴被胶带粘上了，然后再去指导动作。

拥抱恐惧

运动训练时，恐惧的情绪也可以成为我们的朋友。恐惧会刺激皮质醇和肾上腺素的分泌，限制思考的能力，让我们做出本能反应。这并不意味着，仅凭自信、不加训练，就能做到不系绳索攀登悬崖或是在汹涌的海面上冲浪，这样只是自寻死路。我们可以用更安全可控的方式利用恐惧——走出舒适区。比如冲浪时，如果你有信心战胜3英尺高的海浪，那就稍稍突破一下，尝试4英尺高的海浪；适应了4英尺之后，可以再挑战5英尺的高度，依此类推。再比如打棒球，如果时速60英里的击球笼已经没有挑战性，那就换一台时速65英里的机器。如果习惯了和同一个搭档打网球，那么就换一个水平略高一些的对手。如果一直留在舒适区里，是体会不到皮质醇和肾上腺素的好处的。

给教练的小建议：可以模拟高压情境，让教学对象产生合理程度的恐惧。

利用疲劳状态

在疲劳状态下，工作记忆是关闭的。大脑感到疲惫时是无法思考的，此时小脑可以更清楚地体会运动的感觉。下次学习高尔夫挥杆时，不要直奔球场，而是先跑步、做俯卧撑或是开合跳，制造疲劳的感觉。

给教练的小建议：在教新动作时，可以多分配一些时间在热身运动上，让教学对象提前进入疲劳状态。

分解、钻研、重组

无论是滑板的平地豚跳，还是网球的正手接球，或是排球扣球、跳跃、短跑，运动中的每一个动作都由多个子动作组成。如果其中一部分做错了，可能会毁掉整个动作。所以，可以分别钻研每个子动作，将动作牢牢锁定在小脑—运动皮层循环中。之后这些动作组合在一起时，就会自动串联起来，无须额外思考。

给教练的小建议：钻研子动作是非常枯燥的，要体谅教学对象，可以给练习过程增加一些乐趣。

按需启动工作记忆

在小脑—运动皮层循环内建立了正确的动作模型并且能够不假思索地执行动作之后，就可以再次启动工作记忆了。我们建议分两个阶段进行，尝试阶段二之前，请务必完成阶段一的练习。

阶段一：完成以下简单任务。在练习过程中需要用到工作记忆。之后在正式上场时，工作记忆就可以自如地制定策略、应对对手的进攻或是抵抗压力了。

- 从1000开始，每隔3个数字倒数：1000，997，994，991……
- 从z开始倒数字母：z，y，x……

阶段二：在脑海中想象一个或是一系列与你当下正在进行的动作不一样的动作。比如，在篮球比赛中运用挡拆战术时，在脑海中想象后仰跳投的动作；在冲浪时，想象自己冲出海浪时完成了一个完美的跳跃动作。这个想象的练习难度非常大，对大脑功能要求很高，一开始几乎肯定会影响动作表现，所以最好不要在比赛当天尝试，可以放在平时练习中进行。一旦掌握了窍门，就能够更好地利用工作记忆，跳出思维定势，更富创造力。

接下来可以再分三个阶段做一些反向练习。

阶段一：让教学对象反复练习一项动作，比如跳跃或短跑，在他们练习时大声喊出所练项目的名称，比如"跳"或是"跑"。这样，之后每次你喊出运动的名称时，他们就会做好准备开始练习。

阶段二：在喊出运动的名称后，让他们做完全不同的动作，比如喊"跳"之后让他们做俯卧撑。这要求他们运用工作记忆克制之前形成的条件反射，有意识地做俯卧撑。

阶段三：多做几组这样的训练，比如"跳"的指示等于要求做俯卧撑，"俯卧撑"的指示等于要求短跑，依此类推。通过让学员运用工作记忆做出和口头指示不同的动作，帮助他们在比赛时克服思维定式，找到更富创意的应对手段。

系好鞋带或脱掉跑鞋，准备跑步

跑步是锻炼记忆的好方法。而赤脚跑步难度更高，要求我们根据地面的情况调整跑步的动作。如果你想通过处理各种突发状况而获益，你可以尝试赤脚跑步。经过训练，我们几乎可以在任何路况跑步，甚至是雪地和冰面。过去，罗斯每周只能跑一英里，尝试赤脚跑步后，他慢慢可以挑战在苏格兰高地上跑33英里了。准备试试吗？网络上很容易查到赤脚跑步的关键要领，这里也列出了一些入门技巧：

· 首先在家赤脚走路；

· 走出家门，在人行道、草地、街上行走。

足够自信以后，尝试赤脚快走100英尺。

每次练习都增加一些距离。要充分了解自己的极限，一旦有所不适，就停下。无论目标有多远，都不要一蹴而就。如果一下子赤脚跑太远，可能会受伤。慢慢来，总能完成目标的。

Part two 辑二

如何培养和强化工作记忆

第七章

工作记忆在生命中的历程

在前几章中,我们了解了工作记忆给生活带来的各种便利。那么在人的一生中,工作记忆的"生命力"会随着年龄增长而变化吗?我们又该如何减缓工作记忆的衰老呢?在本章我们将关注一系列脑力训练方法,比如数独,并验证这些训练能否锻炼工作记忆。我们还会从饮食和日常生活习惯出发,寻找训练工作记忆的方法。

工作记忆是如何日渐成熟的?什么时候达到顶峰?它会随着年龄的增长有所衰退吗?我们决定开展大规模实验,研究工作记忆随着年龄增长的变化规律,并找出这些关键问题的答案。在这项实验中,我们测试了各种人群的工作记忆,上至80岁的老人,下至5岁的孩子,研究结果颠覆了不少既有认知。我们将在本章分享这些新发现,也会介绍其他研究人员的研究结果,探寻工作记忆的"生命历程"——从子宫内的小小火苗成长为成年后的熊熊烈焰,再逐渐黯淡熄灭的过程。好消息是,虽然进入暮年后工作记忆的衰退几乎无可避免,但我们仍有很多种方法保护其免于遭受恶性病变甚至是痴呆症等极端情况。

工作记忆的诞生

工作记忆最早形成于胎儿在母亲子宫中的妊娠时期。随着胎儿身体不断成长发育，前额叶皮层也逐渐成形，初期以神经元为结构基础，最终成长为形态复杂、联结紧密的大脑控制中心，也就是生成工作记忆的地方。胎儿出生时，其前额叶皮层中的神经元数量达到峰值，随后神经元逐渐消亡，直到孩子大约16岁时数量逐渐稳定下来。在生命的早期，神经元数量过度可能是一件坏事。比如2011年埃里克·库切斯尼（Eric Courchesne）研究团队发现，自闭症儿童的前额叶皮层中神经元数量比正常人多出大约67%。当健康的前额叶皮层神经元被清除，那些留下来的神经元就会迅速相互联结，在出生后成倍增长。

工作记忆则在这些神经元联结中快速形成。在我们的小儿子还是婴儿时，我们就切身感受到了这一点，发现他对听过的故事不感兴趣，只想听新故事。心理学界很早就发现，婴儿具有喜新厌旧的特点。给婴儿一个彩色的玩具钥匙圈，他就会紧紧盯着这个钥匙圈；这时在他面前晃一晃毛绒球，他便放下钥匙圈专心玩毛绒球了；接着拿给他一个黑白企鹅毛绒玩具，于是他又抛弃毛绒球，专注于毛绒玩具了。心理学家称这种现象为新奇偏好。

婴儿不认识数字和字母，要对他们的工作记忆进行测试，只能另辟蹊径。爱荷华大学的莉萨·奥克斯（Lisa Oakes）便利用婴儿对新事物的兴趣设计了题目。她向婴儿展示两块屏幕，每块屏幕上有一个正方形，一个正方形的颜色始终不变，而另一个正方形的颜色会变。结果，在新奇偏好的作用下，这些4—6个月大的婴儿一直盯着那个颜色会变化的正方形。这也说明，他们的工作记忆指挥官记住了正方形变化前的颜色，并意识到现在的颜色与之前的不同。随后奥克斯在每块屏幕上分别增加了一个正方形，于是婴儿便不再表现出对某一块屏幕的偏好，因为他们的指挥官超负荷了，无法在大脑中处理那么多的信息。

奥克斯的这一研究不仅验证了婴儿在很小的时候就拥有工作记忆，而且证明了这种技能可以在短时间内迅速提升。4—6个月大的孩子的工作记忆只能装得下一个不断变化颜色的正方形，10—13个月大的孩子已经可以记住三个颜色各异的正方形了。奥克斯推测，两组婴儿之所以表现差异巨大，直接原因在于6—10个月这一成长期间，他们的前额叶皮层快速发育成长。

与本书中其他以成年人为对象的实验结果一样，本次实验里，在进行工作记忆任务时，婴儿大脑前端的脑区激活了。对于成年人，研究人员通常使用功能性磁共振成像技术或正电子发射断层扫描技术来观察大脑的激活情况，但是显然，婴儿不适合接受功能性磁共振仪器的强磁场辐射，也不能给他们注射正电子发射断层扫描所必需的放射性标记物。

所幸，弗吉尼亚理工学院的玛莎·贝尔（Martha Bell）提出了一种新方法来了解婴儿的大脑活动。她采用了脑电图（EEG）进行非侵入性的测试，在婴儿的头皮上放置传感器，来测量他们进行工作记忆任务时的脑电活动，比如寻找毛绒玩具。婴儿成功找到玩具时，他们大脑额叶皮层的脑电信号比找不到玩具时强得多。

这同样说明，婴儿的工作记忆在快速发育。作为父母，我们一直怀着极大的兴趣观察自己孩子工作记忆的发育过程。比如，我们的小儿子长到6个月之后就非常喜欢鸭子。每次我们用"嘎嘎、嘎嘎"的声音逗他，他都露出灿烂的笑容；给他读绘本时，每次翻到画着鸭子的那一页时，他就会非常兴奋。他在13个月大时，发生了明显的变化。他每次拿到那本绘本，就会立刻翻到画着鸭子的那一页，可见他的工作记忆在处理多种信息的能力上进步显著。此时，他的工作记忆指挥官需要处理的信息有：他很喜欢鸭子，这本书里有鸭子的图片，这些图片在书中的第几页。人们往往不会注意到这些细节，但是它们标志着工作记忆的发育水平有了重大飞跃。

我思故我在、故他人在

关于工作记忆的发育，有一个有趣的发现：它对心理学界所称的心智理论至关重要。心智理论覆盖很多内容，它包括自我意识、对他人与自己对世界的不同认知的意识，以及对调整自我以适应环境的必要性的意识。多伦多大学的菲利普·泽拉佐（Philip Zelazo）认为，工作记忆的发育与儿童自我意识的出现密切相关；斯蒂芬妮·卡尔森（Stephanie Carlson）开展的一系列实验表明，工作记忆对儿童理解他人动机至关重要。

工作记忆指挥官使我们关注自身的独立性与自主性，是自我意识的关键来源。它让我们把"自己"牢记在心，明白我们不是别人，别人也不是我们。著名神经科学家华金·富斯特（Joaquin Fuster）研究得出，工作记忆是与自我意识联系最密切的认知过程。自我意识通常在大约2岁时产生，是儿童形成心智理论的第一阶段。下一阶段是产生他人意识，即意识到他人对世界的认知可能与自己的有所不同。他人意识通常在4—5岁时出现。研究表明，孩子的工作记忆越强大，越能够理解他人拥有各自的想法，因此会从他自己的角度看待事物。

心智理论可以追溯到古代哲学和早期现代哲学。哲学入门课通常会教授两句名言："认识你自己"和"我思故我在"。苏格拉底（第一句话是他的口头禅）和笛卡尔（第二句话出自他口）都认为，自我意识是知识的起点。如果我们不了解自己，那么我们对他人、对世界也将一无所知。心理学界的共识是，心智理论遵循相同的发展过程：我们首先认识自己，然后认识他人的观点。工作记忆指挥官在这一过程中非常重要，它让我们能够在拥有自己观点的同时，理解他人可能持有的观点。

关于孩子的自我意识与他人意识之间如何互相作用，我们有过亲身体验。我们的大儿子5岁时，好几周没有理发，棕色的刘海已经遮住了双眼，但他坚决不让我们剪短。讨价还价之后，他终于同意让我们稍作修剪。罗斯小心翼翼地拿着剪刀，这里剪一点、那里修一点，如同操作精密的手术，生怕出了差错。每剪一下，儿子就会抱怨一句"我不需要剪头发""我不想剪头发"，最后直接用手挡住额头，拒绝我们再动他一根头发。"为什么不愿意剪头发呢？剪完头发会变帅的。"罗斯试图引发他的虚荣心。结果，儿子敏锐地回应："变帅有什么用，剪完头发我就不是我了。"

儿子之所以能够意识到头发是他成为自己的重要因素，是因为他拥有发育良好的心智理论；之所以心智理论发育良好，是因为他的工作记忆指挥官让他能够关注自身的各个组成要素。不仅如此，他还反驳了罗斯所说的"变帅"，这说明他开始有意识地处理他人对自己的看法。

我们第一次证实儿子的自我意识正在形成是在他两周岁生日前几个月。我们使用了心理学上称为点红测试的方法。这个方法极为简单方便，自己在家就能完成。你只需要用口红在孩子的鼻子上轻轻抹一下（只要和孩子的肤色形成对比，其他颜色的颜料也可以），但不要让他注意到这个动作。然后，在他面前放一面镜子。如果他用手触摸鼻子上的口红（比如我们的儿子就是），说明他意识到镜子里的人是自己；如果他不去摸鼻子，说明他没有认出自己。从工作记忆的角度解释，触摸自己的鼻子说明孩子把镜子中的自己和他心目中的自己这两项信息结合在了一起。

若要测试他人意识，一个简单的方法就是错误信念任务。它可以用来检测孩子是否意识到自己与他人可能拥有不同的信念，并做出相应的行动。具体步骤如下：给孩子拿一包巧克力豆，让他猜猜里面有什么。通常孩子们都会回答"巧克力豆"。

这时打开包装袋，里面其实是一支铅笔。现在，再问这个孩子，"如果把这个袋子拿给你的好朋友，他会猜里面有什么呢？"大多数3岁的孩子会回答："一支铅笔。"但如果是5岁的孩子，他们已经能够意识到，其他人并不知道里面的巧克力豆换成了铅笔，因此答案通常会是"巧克力豆"。

北科罗拉多大学的马克·奥尔康（Mark Alcorn）团队证实，工作记忆有助于孩子形成他人意识。他们让3—5岁的孩子进行"巧克力豆测试"，发现工作记忆越强的孩子，越能意识到他人会认为包装袋里的是巧克力豆。他们还发现，工作记忆抑制了回答"铅笔"的冲动，明白他人的视角与自己的不同。但对于尚未充分形成工作记忆能力的幼儿，完成这类错误信念任务就很困难。

孩子的工作记忆逐渐成熟，他人意识逐渐形成，也就进入了心智理论的下一个阶段：拥有编造复杂谎言的能力。一份2009年发表的有关成年人说谎的研究综述对近20项大脑成像研究进行了分析，发现人们在说谎时，前额叶皮层（与工作记忆相关的脑区）激活程度最为显著。该综述同时研究了简单否认和复杂谎言。简单否认，即只说"是"或"否"；复杂谎言，则将一系列复杂变量纳入考量。尤为重要的是，为了让谎言可信，需要考虑听者的观点。正如下文中我们的研究所示，孩子越是能够说出复杂的谎言，意味着他们的工作记忆越强大。大多数三四岁的孩子可以做到简单否认。以下的对话想必每位父母和孩子都经历过：

"你是不是吃饼干了？"

"没有。"

"你确定？"

"嗯！"

"那为什么你衬衫上有饼干屑？"

"我不知道。"

大人一眼就能识破类似的谎言，显然孩子的工作记忆还不足以支持他们编出合理的理由来解释如果没有吃饼干，为什么衬衫上会有饼干屑。然而，到了大约6岁的时候，随着工作记忆的不断发育，孩子们已经拥有足够的心智理论，因为父母的担心，编造出复杂的谎言。

我们的朋友菲奥娜最近坦白了曾经说过的一个谎言。她告诉我们，6岁的时候，有一天她决定给自己剪刘海。看着狗啃般的作品，她心想："完了，麻烦大了。"几分钟后，她的母亲来问她怎么回事。为了免受惩罚，她对妈妈说，有人从卧室的窗户翻进来，剪下她的刘海，然后从窗户逃了出去。

孩子说复杂谎言时，严重依赖于工作记忆，因为他们必须要想象听者的心理活动（母亲非常在意孩子的安全），然后给出恰当的解释（有人闯进来剪掉了自己的头发），才能编出合适的谎言。对菲奥娜而言，她的谎言骗过了妈妈——她妈妈跑出家门检查是否有人在附近埋伏；回来以后，菲奥娜装出惊魂未定的样子，于是妈妈给了她一个大大的拥抱，而不是想象中的责骂。

为了理解菲奥娜说复杂谎言的技巧与工作记忆有何联系，我们面向6—7岁的儿童开展了一项研究。首先我们测试他们的工作记忆分数，然后带着他们玩有奖问答游戏。卡片的正面是题目，背面则用不同颜色的字体写着答案，还画有动物图像。孩子们回答问题之后，我们把卡片翻到背面，告诉他们答案。

游戏的最后一个问题是关于一个不存在的动画角色："动画《太空男孩》的主角叫什么名字？"在孩子们回答之前，我们把他们留在房间里，告诉他们不要看卡片背面的答案（背面用绿字写着"吉姆"，旁边画着一只猴子）。《太空男孩》这部动画片其实并不存在，所以如果有人回答"吉姆"，那一定是偷看了答案。

当孩子们单独待在房间里时，摄像机拍下了他们所有的动作。随后，我们要求他们回答问题，那些偷看了卡片背面的人给出了正确答案"吉姆"；然后我们再问这些孩子有没有偷看，他们都否认了。完成简单的否认对孩子来说都不是什么难事。但为了试探他们能否编出复杂谎言，我们必须更深入地测试，于是问了两个陷阱问题，即"答案是用什么颜色的字写的""卡片背面是什么图像"。许多孩子的工作记忆不够强大，他们不知道要从测试者的视角出发继续圆谎，于是给出了正确的回答，无意中露了馅。但是，也有一些孩子的工作记忆已经较为成熟，他们知道应该从测试者的视角出发继续圆谎，也就是说，他们必须意识到如果真如他们所说那样没有偷看，就应该无法给出正确答案。于是他们故意给了错误的回答，比如"红色"和"蜥蜴"，而不是"绿色"和"猴子"。我们随后比较了他们的说谎水平和工作记忆分数，发现那些没有上当的孩子工作记忆分数更高。

好消息是，即便工作记忆与说谎能力之间存在联系，父母也不必担心孩子持续撒谎。多伦多大学李康（Kang Lee）的一项研究表明，孩子到达学龄以后，说谎频率明显下降，因为如果他们谎话连篇，很快就会发现没人愿意和自己玩。但是他们并不会抛弃这一技能。为了适应周围复杂的社交环境，编造复杂谎言的能力很快就会找到新的用武之地。

通常而言，撒谎是心智理论的最后一个发展阶段。但是我们认为还存在一个更高阶段。这一阶段将吸收先前提到的所有技能并加以整合，我们将其命名为重塑意识阶段。此时，儿童和青少年群体运用工作记忆指挥官来设想同龄人的心理，据此重塑或展现自我，从而适应社交环境。这一阶段纳入了新的变量，即调整自我行为与形象，转变自我以融入环境。我们将这种转变归纳为工作记忆密集型行为，需要对现有的行为进行有意识的抑制和改变。比如，一个小女孩可能在周一告诉别人自己很喜欢某个流行乐队，周二就否认了。

重塑意识阶段贯穿整个童年和青少年时期，常常伴随着父母无法理解的青年亚文化，比如故意穿破洞牛仔裤、对明星的情感状况大惊小怪、模仿卡戴珊家族等。尽管在父母看来这些行为愚蠢至极，青少年的热情仍丝毫不减。这些行为是养成重塑意识的重要途径，从而为心智理论在日常生活中的实际应用做好准备。比如，重塑意识让青少年得以理解朋友的观点，相应地改变与朋友互动的方式，从而避免冲突；它还可以帮助孩子们读懂老师的非语言信号，改变课堂举止，从而避免惹麻烦；重塑意识还能让他们意识到在陌生环境中该如何表现，从而适应新的学校。

脸书是最受青少年欢迎的实践新技能的场所。脸书的意识重塑效果是显而易见的，这或许是其用户人数如此之多的原因之一。大多数用户可能都会承认，他们在脸书上发布的照片、动态并非完全是事实。它们只是事实的某个版本。脸书上的个人信息很大程度上是对自我的重塑，是青少年们渴望他人看到的理想形象。我们进行了一项研究，以100多名15—18岁的青少年为实验对象，观察脸书上的重塑行为对工作记忆是否有益，并于2012年在《计算机与教育》

上发表了研究报告。之所以选择十多岁的青少年作为研究对象，是因为我们希望了解，在个体进入心智理论发展的关键阶段时使用脸书是否会对其工作记忆的发育产生影响。我们发现，使用脸书的时间越长，工作记忆水平就越高；使用脸书超过一年的青少年，测试结果比使用不到一年的同龄人的更好。

我们认为，这可能与社交网站对工作记忆强度的要求有关。如何恰到好处地回应好友公布新恋情的动态，如何解读照片中的情绪暗示，如何过滤无关信息（比如朋友发动态说自己吃了什么零食），或是如何对新出道的男子乐队加深了解，都对认知有很高的要求。脸书是青少年提升重塑意识、锻炼工作记忆的绝佳平台。在第十一章中，我们将介绍脸书对成年人工作记忆的好处。

随着我们不断成熟，重塑意识变得十分强大，给我们的生活带来巨大优势。强大的重塑意识可以帮助我们追求卓越，甚至享受一份充满挑战的工作；它让我们能够在与另一半的相处中改变固定的回应模式，从而改善关系；或是在财务状况发生变化时调整花钱的方式。事实上，我们再老都不应该放弃重塑意识，否则我们就会失去一个锻炼工作记忆指挥官的绝佳机会。本章接下来将会提到，在我们退休之后，不再需要像以前那样努力适应环境，工作记忆便会进入衰退阶段。

工作记忆也会衰退

直到成年后，工作记忆才完全发育成熟，此时髓鞘形成的过程也随之结束。髓鞘形成指的是髓磷脂形成白色保护鞘覆盖住脑细胞的过程，是健康大脑发育的关键环节。髓磷脂也称白质，能够加快电信号传递速度。髓鞘由大脑后部开始形成，逐渐向前部延伸，最终覆盖前额叶皮层，也就是工作记忆存储的脑区，而在髓鞘的作用下，工作记忆进入高速运转状态。我们的研究表明，工作记忆在20多岁的时候依然处于成长阶段，直到30岁左右才达到顶峰。

2007年，加州大学的西尔维亚·邦吉（Silvia Bunge）和萨曼莎·赖特（Samantha Wright）发表了一项研究评论，介绍了一项运用功能性磁共振成像技术研究不同年龄前额叶皮层激活程度差异的实验，佐证了我们的研究结果。该实验将参与者分为三个年龄段，即童年中期（8—12岁）、青少年期（13—17岁）和成年初期（18—25岁），每组参与者在进行工作记忆任务时接受脑部扫描。结果显示，青少年期和成年初期的参与者前额叶皮层激活程度非常高，而童年中期的激活程度却很低。

更有趣的是，前额叶皮层激活程度与参与者年龄成正比。这佐证了我们的相关研究结果，即二三十岁成年人的工作记忆可以同时处理六项信息，而儿童通常只能处理2—3项信息。在第二章中，我们曾经讨论过成年后多任务处理和决策制定的工作需求日益增加，而工作记忆的发育规律正好与此需求的增加相吻合。这就好比当一个人获得升职，他会从办公区的工位搬到独立办公室，并拥有贵重的办公桌，因为他需要更大的办公桌去安置与更高职位相对应的更多重要文档。

进入40岁以后，工作记忆开始衰退，我们能够记住并处理的信息也随之减少。我们通常所称的中年健忘，就是工作记忆指挥官衰退的表现。比如不记得钥匙放在哪里，忘记参加营销周会，或是在杂货店遇到邻居时想不起对方的名字。工作记忆衰退的罪魁祸首之一，可能是进入中年后，大脑中白质逐渐丧失。白质对工作记忆性能至关重要，这一脑组织一旦损失，就会对工作记忆产生影响。无论原因如何，工作记忆的衰退都是逐渐发生的。我们在研究中发现，40多岁的人平均可以同时处理五项信息，比30多岁时要少一项。

同时处理信息的数量从六项减少到五项似乎并不明显，但其实降幅接近20%，就好比考试成绩从A降到C，或是从宽敞的CEO办公室搬回狭窄的工位。糟糕的是，虽然工作记忆减弱了，但对工作记忆的需求没有降低。事实上，进入中年以后，我们要承担的责任不降反增：公司账目对不上，会挨领导批评；你需要更加小心地引导正值青春期的孩子，他们在这一阶段做出的每个决定都将对他们的人生产生重要影响；相比年轻时的一穷二白，中年的你还需要花费更多心思打理你的财务。

要想从容应对所有事情，你需要一个状态良好的工作记忆指挥官。比如，你必须在下午1：30之前结束财务会议，这样才来得及带儿子去见大学升学顾问，然后和理财顾问讨论养老计划信息更改事宜。但是，如果这些事情已经让你的工作记忆指挥官满负荷运作，那么你就根本无法顾及诸如钥匙、人名、营销会议等信息了。

不过，好消息是，虽然中年人的工作记忆水平下降了，但它会进行自我补偿，因此在表现上与年轻人并无大异。娜塔莎·拉贾（Natasha Rajah）和马克·德埃斯波西托（Mark D'Esposito）对已有的脑成像研究进行了综述，解释了年龄增长过程中工作记忆的自我补偿机制。其中一项实验显示，老年人在执行工作记忆任务时，前额叶皮层左侧明显被激活，说明其有效获取了所积累的知识。在工作中，这意味着，虽然年长员工能够处理的信息量不如年轻员工的多，但他们能够更好地利用经验完成工作；而在家庭生活中，中老年人也可以利用以往积累的知识来弥补工作记忆水平的下降，以跟上孩子们快速成长的智力。

那么，之后呢？是不是随着时间的流逝，工作记忆必然逐渐衰退？工作记忆可以弥补衰老吗？有什么办法可以维持工作记忆的良好状态呢？

工作记忆的晚年

为了研究人们进入退休年龄后工作记忆的状态，我们研读了已有的研究，并开展了实验。虽然大部分关于大脑衰老的研究并不专门关注工作记忆，但基本阐明了在衰老过程中整体认知技能的状态变化，从中我们可以推测工作记忆的具体变化程度和预防其衰退的方法。

现代的大脑成像技术让我们得以窥见大脑的衰老过程。值得高兴的是越来越多的影像研究表明神经元并不会随着年龄的增长而完全消亡，大脑在衰老过程中的变化是十分微妙的。更重要的是，衰老的大脑能够通过自我补偿机制来弥补机能下降。比如，脑成像研究结果显示，老年人在执行认知任务时会比年轻人调动更多的脑区，而且这些区域的激活程度更高。也就是说，衰老的大脑仍然可以完成任务，只是需要花费更多努力，调动更多脑区。

但是，如果衰老与记忆衰退之间没有必然的联系，那么我们该如何解释那些困扰着退休人群的精神问题呢？毕竟，婴儿潮一代的7800万美国人中，每天都有大约8000人达到65岁的年龄，是时候寻找答案了。我们认为，这些问题可能来自岁月流逝中经历的生活事件。

重新思考退休问题

在过去44年里的每个工作日，拉里都伴随着响亮、刺耳、恼人的闹铃醒来。他强忍着不去摁闹钟的小睡按钮，嘟囔着把双脚从温暖的被窝挪到冰冷的地面，踉跄着走进淋浴间，打开慢吞吞出热水的水龙头。洗完澡后，他会吃一片干面包，喝杯浓厚的咖啡，打起精神开始处理账目、管理人员、填写文件。现在，经过一万多天的辛劳，他终于告别了辛苦的工作，迎来了温暖的沙滩。抵押贷款已全额付清，养老金账户余额充足，他搬去佛罗里达享受鸡尾酒、阳光，以及慵懒的午觉。

拉里的同事金伯莉和他同岁，工作时间和他一样长。不同的是，她热爱工作，喜欢和同事打交道，甚至享受填完冗长表格的成就感。她虽然也存了足够的养老金，但选择在退休后继续工作。"真是可怜的笨蛋。"拉里心想。但谁才是真正的笨蛋呢？

大部分美国人都会认同拉里的想法，想象着一到退休年龄就告别这无休止的工作，手拿酒杯、脚踩沙滩，享受美好人生。哪怕很喜欢自己的工作，但如果可以享清福，为什么还要继续劳累呢？

如果是在100年前，拉里永远都没有机会停止工作。大规模退休是近100年里的现象，过去的几千年里，退休与年龄没有关系，除非干不动了，否则就要一直工作下去。波士顿学院退休研究中心主任艾丽西亚·芒内尔（Alicia Munnell）表示，在20世纪，大多数65岁以上人群基本已经退休；而在19世纪，65岁以上（男性）群体大概率仍然奋斗在工作岗位上。我们无从得知几个世纪前那些仍然工作着的老年人的智商与工作记忆等认知技能水平如何，但是既然他们仍然拿着酬劳，说明他们至少没有罹患痴呆症。事实上，工作也许正是他们智力经久不衰的秘诀呢！

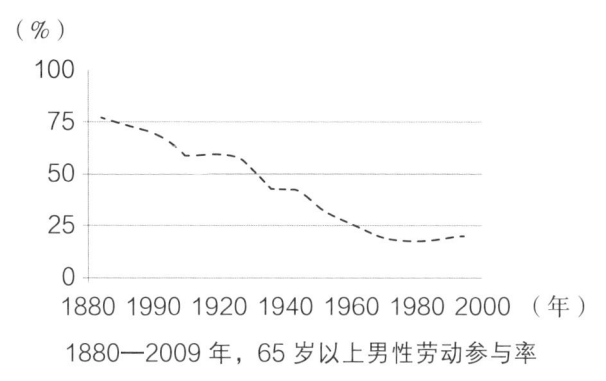

1880—2009年，65岁以上男性劳动参与率

［转载已获艾丽西亚·芒内尔（Alicia Munnell）和史蒂文·拉格尔斯（Steven Ruggles）授权］

学界最新的研究揭露了一个惊人现实——退休可能会让人变笨。2010年，苏珊·罗维德（Susann Rohwedder）和罗伯特·威利斯（Robert Willis）以美国和12个欧洲国家数千名退休人员的数据为样本，发现退休对认知技能不利。退休不仅意味着工作量的降低，也意味着思考的减少，研究人员称之为"精神退休"。他们认为，"工

作环境在认知上给人更多的挑战与刺激，因此相比退休人群，工作人群能够得到更多的智力锻炼"。

如果你已经退休，或者曾经有度过漫长假期的经历，你一定对此深有体会：不再需要绞尽脑汁说服客户、提交报告，或是思考如何开拓收入来源，你可以暂时关闭大脑开关，尽情放松。放松本身并不一定是坏事，但伴随退休而来的是对自己的要求降低，是他人不再依赖你的快速思考来解决难题，是经年累月积累的知识不再有用武之地，是你不再需要费尽心思应付办公室政治，也无须加倍努力谋求升职。这一切都将导致我们遗忘长期积累的知识，并丧失批判思维能力。

罗维德和威利斯设计了一套测试题目，用来衡量参与者认知技能水平下降的程度。这些题目需要调动工作记忆，其中包括词汇记忆测试。

结果显示，退休年龄越早，认知衰退越严重。两名研究人员分别对比了50多岁与60多岁的两组参与者的认知技能水平与退休人数比例，发现退休时间越早，认知技能水平越低。

不同国家之间的差异也非常明显。法国向来被西方其他国家的普通劳动者所羡慕，其法定退休年龄为60岁。然而，这未必是一件好事，法国退休人群的认知技能水平下降程度也高居榜首，达到20%。换言之，法国退休人群的平均智力水平比50多岁的人群低20%。

这项研究得出了一个突破性的结论：退休年龄越晚，与同龄人相比智力水平越高。美国的法定退休年龄比大多数其他西方国家都晚，美国人的认知技能水平下降幅度也是最小的，仅为5%。无论我们是否认同美国的高标准职业伦理，都得承认它给美国人带来了认知优势。在所有上述比较实验中，美国接近退休年龄人群的认知技能都领先于别的国家。

科学结论很明确：越晚退休，我们越能保持良好的认知水平。弗雷德·戈德曼（Fred Goldman）博士的传奇故事就是一个很好的证明，活到100岁高龄的他是俄亥俄州最年长的执业医师。戈德曼医生为患者诊疗、开具处方的职业历史追溯至1935年。尽管在2012年去世之前他已将工作时间减少为每周3天，他对自己职业的热爱始终未减。面对报社记者的采访，他说："工作就是生活。我的工作量是按照病人的看病需求调整的，如果生病的人不多，我的工作量就不会太大。幸运的是，需求一直都有。我觉得我能为病人提供帮助，我也的确能够胜任这份工作，所以，我没有理由退休。"

对此，我们十分认同。

亲友的离去

步入晚年后，工作记忆下降的另一个原因是社交活动减少。麻省理工学院老龄化实验室主任约瑟夫·科夫林（Joseph Coughlin）在接受《纽约时报》采访时说："其实老年人面临的最大挑战和丧失不是健康问题，而是社交关系的不断减少。朋友生病、老伴去世、老朋友逝去，我们自己也会搬家。"他说到点子上了——年龄越大，朋友和家人越少。对于大脑认知而言，这是非常沉重的打击。社交圈的缩小与退休一样，都会导致认知水平下降。

处理人际关系是一种工作记忆密集型活动，需要健康的他人意识和重塑意识。面对伴侣，我们的工作记忆必须时刻牢记对方的愿望、想法和感受。面对不同的朋友和伙伴，我们必须扮演略微不同的角色，选择适当的话题。比如，在读书会上，我们会和书友讨论最新的小说，和上个月读的书进行比较；与棒球队的小伙伴聚会时，我们会构思比赛策略，讨论每个球员的优势与弱点；旅行时，我们会和旅友一起感受和谈论当地的语言、文化、食物。不同的社交语境要求我们的工作记忆指挥官演奏出不同的曲调。

社交关系越少，对工作记忆的需求就越少。受到的锻炼少了，工作记忆指挥官慢慢地也就忘记如何演奏了。假设你曾经有一个高尔夫球球友鲍勃，他是垂钓爱好者，经常去墨西哥巴哈半岛钓马林鱼。在你们打满18洞的过程中，他会与你分享垂钓的趣事，比如那些漏网之鱼，以及人和鱼之间激烈的拉锯战。你对垂钓了解不多，但是在每次聊天的时候，你都可以推测出大部分内容，并运用工作记忆进行回应。如今，鲍勃住进了护理院，当你再去拜访他时，两人的聊天再也不像在高尔夫球场上那样充满活力了。慢慢地，你不再去看望他了。你失去的不只是一个朋友，还有使用工作记忆的机会。

越来越多的证据表明，进入退休年龄后，社交互动越少，认知水平下降的可能性就越大。

2008年，哈佛大学公共卫生学院的凯伦·埃特尔（Karen Ertel）团队研究发现，退休后，社交互动越少，调动记忆的能力就越差。这项研究的主要依据是一项面向美国50岁以上人群的健康与退休调查。这项调查参与者众多，超过1.6万人，在全国范围内具有很强的代表性，因而结果可靠性很高。

参与者在电话上完成了延迟记忆测试。他们会先听到十个普通名词，然后被询问一系列不相关的问题。五分钟后，研究人员要求参与者们回忆之前听到的单词。虽然这不属于严格意义上的工作记忆任务，但它需要参与者充分调动工作记忆，以确保他们在专注而准确地回答问题的同时将听到的单词保持在记忆中。研究人员基于他们的回答计算出工作记忆分数，并在接下来的六年里重复进行了四次测试。在测试中，他们还借机提出以下问题，用于评估参与者的社交质量：

- 你结婚了吗？
- 你平时会参与志愿活动吗？
- 你和邻居聊天吗？
- 你和子女保持联系吗？
- 你和父母有联络吗？

研究人员将参与者的社交质量调查结果与工作记忆测试分数进行比较。研究发现，随着时间的推移，相比社交质量得分较低的参与者，得分前25%的参与者在认知测试中展现出愈来愈明显的优势。这对那些与家人、朋友相处融洽的人来说是个好消息。

有趣的是，在实验开始时，两组参与者认知水平接近；到实验结束时，社交质量的差异对认知能力产生了显著的影响。那些独自生活、孤独的人更容易出现痴呆症等记忆力衰减的迹象。这项研究告诉我们，如果想在年龄增长的同时保持良好的工作记忆以及其他认知能力，就应该积极参与社交活动，不断拓展社交圈子。

除此之外，许多其他方法也有助于延缓工作记忆的衰退。前几章介绍的工作记忆练习可以有效增强认知能力，而饮食对于保持工作记忆水平也有惊人的效果（在第十章我们会更深入地讨论这一话题）。接下来，我们先来了解一些研究。这些研究尚处于起步阶段，但具有重要意义，它们表明，保持工作记忆的良好状态有助于应对老年的困扰之一——疼痛。

工作记忆有助于缓解疼痛

想象一下，经过一辈子的辛苦打拼，你不再经营自己的公司，但你仍然是一家大型公司的董事会成员。今天，你必须投票决定是否收购一家初创公司，以免竞争对手抢先将其收入囊中。投票之前，你必须仔细研究其财务状况，但是你每天早上醒来就被牙痛、背痛、膝盖痛折磨得不轻。这种情况下，你还能集中精力分析利润表吗？身体的疼痛会不会让你无心工作？

加拿大阿尔伯塔大学的布鲁斯·迪克（Bruce Dick）和赛福鼎·拉希克（Saifudin Rashiq）的研究显示，疼痛损耗了我们的工作记忆。他们招募了24名慢性疼痛患者，进行"日常注意力测试"。结果表明，疼痛影响了他们的专注水平。其中一项测试要求参与者在听到某一特定声音时，选择对应的图片。研究人员对比了参与者的分数与无痛人群测试得到的标准分数，按照结果将参与者分为三组：注意力未受疼痛影响的，注意力受疼痛影响较小的，注意力受疼痛影响较大的。

然后，两名研究人员分别测试了三组参与者的空间工作记忆，发现注意力受疼痛影响最大的第三组患者的工作记忆分数也相应最低。他们据此提出，疼痛与工作记忆水平之间存在联系。但是，由于每名参与者都患有慢性疼痛，所以这一实验并不能证明疼痛会影响工作记忆，可能只是说明了注意力不集中的人工作记忆能力比较差，而疼痛只是一个次要因素。

若要研究疼痛是否会对工作记忆产生影响，就必须要分别测试同一个人在疼痛状态下和正常状态下的工作记忆分数。亚利桑那州立大学的克里斯托弗·桑切斯（Christopher Sanchez）在2011年发表的一篇论文对此进行了研究。多年来，如何在实验中让参与者经历疼痛但又不触犯实验伦理，一直困扰着疼痛问题的研究者。

显然，桑切斯不能像宗教法庭大审判官那样体罚参与者——不能用水刑，不能用火烤脚趾，也不能用藤条鞭打。他需要找到一种方法制造不适感但又不能引起剧烈的疼痛。你可以想象某天早晨他意外想到解决办法时的惊喜。事情是这样的："一天早上，我用完漱口水之后意识到，要准确按照说明书里建议的那样在嘴里含漱口水30秒是很困难的。"时间长了，漱口水会带来疼痛，让人难以集中注意力。妙啊！用漱口水就可以了！

桑切斯对40名大学生进行了工作记忆测试，并选出了其中得分最高和最低的两组学生。接下来，他需要确保漱口水含在嘴里的时长足够引发疼痛。他要求学生把漱口水含在嘴里45秒，并从1至10分对疼痛感进行打分。1分代表着你能坐在舒适的椅子上观看自己喜欢的电视节目，10分等同于手被平底锅烫伤的感觉。他发现，两组参与者对漱口水的疼痛感受程度相同，都在4分左右。

为了确保疼痛感来自漱口水本身的刺激，而不是漱口动作，桑切斯还让学生们用清水漱口45秒，并对疼痛感进行评分，最后的结果均为1分。终于，桑切斯找到了一种符合伦理的测试方法：让学生用清水漱口以评估他们在无痛状态下的工作记忆，再让学生用漱口水漱口以评估他们在疼痛状态下的工作记忆。

在用清水或用能产生痛感的漱口水漱口的45秒里，学生们必须记住20个单词，而在实验的下一阶段，他们需要解答尽可能多的简单代数题。桑切斯发现，那些工作记忆水平较高的参与者几乎不受疼痛的影响，不论是清水条件还是漱口水条件，表现几乎一样。而工作记忆水平较低的参与者受疼痛的影响则十分明显，认知水平分数降低了37%。相当于如果你在正常情况下可以获得A的成绩，那么在经历疼痛时就只能获得D。桑切斯的这一实验证明，良好的工作记忆能够让你在经历痛苦时照常工作，而工作记忆较弱的人却不行。

工作记忆不仅仅能让我们咬紧牙关忍受疼痛，它甚至能让我们忽略疼痛。如果有一天你在比利时根特市薄雾蒙蒙的街道上偶遇温文尔雅的心理学家瓦莱里·莱格伦（Valéry Legrain），你最好掉头就跑（要不然就会成为疼痛实验的研究对象）。在2011年的一篇论文中，他试图论证工作记忆能够转移人们的注意力，从而忽略疼痛。

他要求参加者完成两项任务。第一项任务是纯粹的注意力任务，参与者需要在看到电脑屏幕上出现某种特定颜色（比如蓝色）时按下按钮。第二项任务在前者的基础上增加了对工作记忆的要求，参与者需要在屏幕上重复出现某种颜色时按下按钮。在屏幕上出现颜色之前，参与者们会受到轻度的电击，程度相当于手臂被他人轻轻触摸；或者是手背受到激光脉冲刺激，模拟针刺导致的轻微疼痛。参与者有80%的概率受到轻度电击，20%的概率受到脉冲刺激。

结果显示，在轻度电击的刺激下，参与者完成两项任务都较为轻松，说明轻触手臂不会干扰注意力或工作记忆；而在激光脉冲的刺激下，相比工作记忆任务的表现，参与者在注意力任务上的表现更差。所以疼痛能够干扰注意力，但工作记忆可以让你忽略疼痛。莱格伦的实验表明，当工作记忆处于闲置的状态时，你会更加关注疼痛的感受；而当工作记忆处于忙碌状态时，就像在第二项任务中那样，你往往会忽略疼痛。

很明显，桑切斯和莱格伦的实验存在一个共同的问题，即受限于实验伦理，他们不能提高疼痛程度来进行更深入的实验。试想如果莱格伦将脉冲刺激带来的疼痛程度提高到10分，恐怕会引起不小的骚动。虽然这情有可原，但是他们的实验并不能解答人们渴望知道的问题——工作记忆能否缓解更加剧烈的疼痛。我们非常希望他们的研究结果已经揭露了全部事实，但是确切的答案仍有待进一步的研究。目前我们所拥有的证据表明，当我们的工作记忆指挥官处于工作状态时，它会让我们忽略疼痛。

最可怕的结果：失去心智

在衰老的过程中，人们最大的担心是有一天会患上痴呆症。我们曾经清晰的头脑会不会背叛我们，夺走我们的记忆、人格，甚至人生？阿尔茨海默病是最常见的痴呆症，目前全世界有540万患者，预计到2050年这一数字将上升至1600万。年龄越大，患上阿尔茨海默病的可能性就越大。在85岁以上人群中，阿尔茨海默病患者的比例有近50%。令人兴奋的是，研究结果表明，强大的工作记忆可能有助于延缓阿尔茨海默病发病。虽然这一结果尚未得到充分论证，需要进一步研究，但我们认为，这些发现具有重要的价值，因此在本节进行介绍。

最新的研究表明，部分人的大脑在年轻时就显示出阿尔茨海默病的迹象。其关键脑区首先会受影响，随着时间的推移逐渐萎缩而无法发挥作用，例如与长期记忆相关的脑区——海马体。与健康的大脑相比，阿尔茨海默病患者的大脑神经突触更少，而斑块堆积和神经元纤维缠结（神经细胞中扭曲的蛋白质纤维）则更多。

阿尔茨海默病最大的未解之谜是：既然85岁以上人群患病的将近一半，为什么另外一半没有得病？为什么有些人容易落入阿尔茨海默病的魔爪，另一些人却能幸免呢？研究人员提出了两种强有力的理论解释。

1. 认知储备理论：该理论认为，良好的教育可以创造认知缓冲区，将我们与病症隔离。这就像退休基金一样，我们在银行储蓄的资金越多，退休后出现财务问题的可能性就越低。

2. 生活方式理论：该理论认为，我们吃的食物、工作的场所、与家人的关系以及其他生活习惯会影响我们患病的可能性。

虽然这两种解释都有道理，但都未能完全令人信服，因为两者都没有直接解释这一疾病的关键特征——糟糕的工作记忆。阿尔茨海默病本质上是一种记忆疾病，患者在提取各种长期记忆时存在障碍。这些长期记忆包括：

- 情景记忆：对事件的记忆，如一顿美食、一次美妙的假期；
- 语义记忆：对事实的记忆，如"巴黎是法国首都"；
- 内隐记忆：比如如何用勺子吃麦片。

患者之所以无法提取这些记忆，原因之一在于工作记忆被严重损坏，而正是工作记忆负责在他们的长期记忆中搜索相关信息来完成当前的任务，比如袜子的摆放位置或是家人的姓名。工作记忆和长期记忆的关系，就好比图书管理员与图书馆的关系。工作记忆让你像图书管理员在图书馆中搜寻书籍那样在长期记忆中搜索信息，从而完成某个特定的任务。

而阿尔茨海默病患者的大脑中，两个关键因素都受到了破坏——一方面图书管理员找书出现了困难，另一方面还有虫子在啃噬书本。工作记忆衰退，使大脑无法正常搜寻书本、找到书本并应用书本中的内容。同时，随着书本被虫子啃食，阅读其中的内容变得愈加困难。不过，正如接下来我们将看到的，工作记忆具有极强的发展和适应能力：即使阿尔茨海默病已经开始吞噬你的神经元，只要工作记忆保持强健，它也能帮助你抵抗疾病带来的认知衰退。

1986年，艾伦·巴德利（Alan Baddeley）团队的研究表明，痴呆症和阿尔茨海默病患者的工作记忆受损格外严重。这项研究对于揭示工作记忆与阿尔茨海默病之间的关系具有里程碑的意义，本应开启阿尔茨海默病研究的新纪元，但是由于某些未知的原因，并未受到学界的重视。

麻省理工学院的伊丽莎白·肯辛格（Elizabeth Kensinger）团队开展的一项实验让巴德利的研究重新获得了生机。该实验考察了阿尔茨海默病患者是否会出现工作记忆丧失的迹象。肯辛格招募了22名患者，他们都是在18个月前被诊断出患病的。正如本书通篇所介绍的，工作记忆可能会受到各种各样的影响，为了确保工作记忆测试结果不受其他健康问题的影响，所有患者均接受了体检，以确保他们没有酗酒、心脏病、癌症或其他神经系统疾病病史。

研究人员同时招募了100多名没有任何阿尔茨海默病症状的同龄参与者作为对照组，确保他们可以将患者组的实验结果归因于阿尔茨海默病。他们还花费了很多力气，保证两组参与者在年龄、文化程度和智商上都没有显著差异。

两组参与者都将完成一项工作记忆任务，具体来说是一项阅读广度任务。实验中，电脑屏幕上会呈现一个句子，比如，"这个男孩午餐吃了四个汉堡"。他们要求参与者大声读出句子，然后回答一个简单的阅读理解问题，比如："这个男孩吃了什么？"参与者必须像这样连续完成几个句子，同时记住每个句子的最后一个单词。研究人员发现，相比未患病参与者，阿尔茨海默病患者的表现要逊色很多。

肯辛格的研究削弱了认知储备理论的解释力。因为如果两组参与者的年龄、智商和教育水平都相同，那么他们的认知储备水平也应该大致相同。但实验结果并非如此，非患病组的参与者能够正常地生活与工作，而患病组的参与者却连自己养了12年的猫叫什么名字都记不起来。对此可能的解释是，患者的工作记忆水平太低，无法调动所需的语言和知识储备来完成认知任务。

那么生活方式理论呢？日常习惯与行为的差异是否能够让一些人落入阿尔茨海默病的魔爪，而让另一些人在80岁、90岁，甚至90岁之后依然保持良好的智力水平呢？在本章前文，我们已经介绍了退休、疼痛和孤独都会对工作记忆产生负面影响，但是要证明生活方式与阿尔茨海默病具有直接联系是极具挑战的。

对于肯辛格的研究团队而言，找到在教育程度、智商水平、身体健康方面完全匹配的阿尔茨海默病患者与非患病者已是困难重重，而要找到生活方式完全相同的人群就更具挑战性了。换言之，需要找到一辈子基本生活在相同条件下的人群，这听起来不可能，对吧？

幸运的是，他们找到了一个符合条件的群体——圣母院教会的修女们，也由此诞生了"修女研究"这项有史以来最著名、历时最久的阿尔茨海默病研究。这项开创性的研究为学界提供了诸多宝贵的证据，帮助科学家们更好地理解了生活方式对阿尔茨海默病患病风险的影响。

"修女研究"无疑是被引用次数最高的研究之一，媒体、阿尔茨海默病相关组织以及研究人员都对其实验数据进行了详尽的挖掘，寻找进一步研究的线索。我们对此也非常感兴趣，但对于该实验真正揭示了关于阿尔茨海默病患病风险的什么真相，我们有自己独特的见解。在分享我们的观点之前，让我们首先了解一下这项卓越的研究是如何考察生活方式与认知衰退之间的联系的。

1986年，科学家大卫·斯诺登（David Snowdon）招募了600多名出生于1917年之前的修女，开启了"修女研究"。他指出："参与实验的修女有着相同的生育与婚姻经历、相似的社交活动和社会支持；都没有吸烟或过量饮酒的习惯；她们的职业、收入、社会经济地位相似，住所、饮食完全相同，享受的卫生防护和医疗服务也没有差别。"

如果生活方式与阿尔茨海默病患病存在联系，那么这些生活在相似环境里的修女患上阿尔茨海默病的概率应该相对一致。但是事实并非如此。她们中的一部分人经历了严重的记忆损失，而另一部分人却在百岁之后依然保持了正常的认知能力。为了寻找原因，斯诺登和他的研究团队翻阅了修女们的日记（当然得到了她们的同意）。自加入修道院以来，修女们就一直认真地写着日记。这些日记为我们了解修女们20多岁时的认知状态提供了有趣的视角。

每个修女第一次进入修道院时，都需要撰写一篇自传。斯诺登与他在堪萨斯大学的同事苏珊·肯珀（Susan Kemper）一起对这些作品进行了分析，包括句子语法复杂度和概念稠密度。接下来，他们请这些修女重新撰写自传。当时她们的年龄在75—87岁，距离第一次撰写自传已经过去了五六十年。根据语法复杂度和概念稠密度的高低，研究人员将修女分为两组。以下是两种写作水平的示例：

低："我最喜欢教音乐。"

高："此刻我在'鸽子巷'徘徊等候着，还有三个星期，我就将追随着我的伴侣的脚步，经由贫穷、贞洁与服从的圣愿，与他结合。"

语言能力体现了她们的工作记忆水平：思想越复杂，代表大脑的处理能力越强。肯珀认为，工作记忆对于写作尤为重要。她在研究中发现，身体健康的成年人如果工作记忆水平较低，其学习和使用复杂语法结构的能力将受到限制，并导致晚年语言能力的下降。"修女研究"的实验结果也支持这一点。在其中一项单词延迟记忆测试中，斯诺登和肯珀对比了高写作能力组和低写作能力组的表现，发现后者表现不佳的概率是前者的15倍。

但"修女研究"并非到此为止。一些修女同意捐献她们的大脑，在自己去世后用于研究。得益于她们极其慷慨的捐献，研究人员得以探索阿尔茨海默病的神经病理学。在一些修女大脑的新皮质和海马体中，研究人员发现了大量的神经元纤维缠结，而这正是阿尔茨海默病的标志性特征。斯诺登和肯珀仔细研究了这些修女早期的日记及其语言能力得分，发现相比斑块和缠结数量较少的修女，这些有症状的修女表达观点的方式更为简单。

肯珀的研究表明工作记忆与健康成年人的语言能力之间存在联系，因此我们猜测工作记忆能力较弱可能导致这些修女罹患阿尔茨海默病的风险提高。此外，一些开创性的研究发现，强大的工作记忆可以帮助我们延缓甚至避免阿尔茨海默病症状的出现。多年来，人们都把阿尔茨海默病看作认知能力的死刑，一旦患病，就将无可避免地走向心智衰退。但"修女研究"的结果显示，这并非是阿尔茨海默病患者的宿命。

2009年，约翰·霍普金斯大学医学院脑资源中心主任胡安·特隆科索（Juan Troncoso）的研究结果完全扭转了人们的认知。他首先找出去世前一年内完成过一系列认知测试的修女，并排除了其中患有多种脑部疾病的那一部分人。然后，他将剩下的修女根据她们生前的测试结果分为两组，一组的认知测试结果显示出阿尔茨海默病症状，另一组则没有显示出症状。

接下来，他对大脑样本进行了解剖。不出所料，那些在认知测试中表现出阿尔茨海默病症状的大脑脑组织中的确存在缠结和损伤。不过，吸引他注意的是那些在认知测试中表现正常的大脑，也有将近一半的大脑中存在与阿尔茨海默病相关的脑损伤，这就好比股骨断裂的人仍然能够奔跑。对于阿尔茨海默病这样毁灭性的疾病而言，这个结果非常出乎意料。特隆科索将这种现象称为无症状阿尔茨海默病，即没有任何认知症状的阿尔茨海默病。虽然大脑的状况表明，她们是痴呆症患者，但出于某种原因，他们避免了痴呆症的症状。特隆科索的这一发现表明，部分患者的大脑可以像没有患病那样正常运转。

特隆科索想要找到原因，所以他用显微镜对比观察了无症状阿尔茨海默病患者的脑细胞与阿尔茨海默病患者的脑细胞。他发现前者的海马体神经元细胞比健康大脑中的大三倍。他推测，这是由于神经元尝试自我修复，比如建立新的神经回路，从而补偿阿尔茨海默病造成的损伤。因此，尽管大脑受到了很大程度的损伤，增大的神经元仍然能够维持认知功能。

但是，为什么只有一部分人的大脑可以像这样自我修复，而其他人则无法避免阿尔茨海默病症状呢？一种可能是：工作记忆越强大，就越有可能抵御这一疾病对认知的破坏。特隆科索引述相关研究指出：学习新事物非常依赖工作记忆，它能增加神经元的尺寸。那些在认知能力测试中得分较高的修女显然拥有强大的工作记忆。

特隆科索发现，无症状阿尔茨海默病修女20多岁时的日记概念稠密度更高。她们能够用短句表达丰富的想法，并且语言幽默有趣。这表明，出色的工作记忆能够帮助一个人在晚年时规避阿尔茨海默病带来的认知问题。特隆科索认为，工作记忆这一防御性的功能比我们以往推测的更加普遍，这对于担心患上痴呆症的人而言，是一个好消息。看起来，很多人可以在患有无症状阿尔茨海默病的同时过着正常生活，甚至完全不知道自己的大脑已经受到破坏性缠结的侵袭；或许通过接受认知训练，人们也可以预防痴呆症的发生。

更重要的是，在90岁之后甚至迈入百岁高龄之后，无症状阿尔茨海默病修女的神经元仍然在增大。也就是说，即使步入晚年，大脑也有能力对施加于它的要求做出积极的回应。

虽然这项研究启发性大于实证性，工作记忆抵御阿尔茨海默病的作用机理尚需进一步研究，但我们希望，这些结果意味着强大的工作记忆能够补偿阿尔茨海默病相关缠结带来的功能损伤。由我编写的阿洛韦工作记忆评估系统为科学家们提供标准化工作记忆测试流程，揭开工作记忆与阿尔茨海默病之间的关联只是时间问题。

在本章中，我们了解了一生中工作记忆水平的演变，我们的工作记忆在30多岁时达到顶峰，然后逐渐退化——从年幼时的自我中心，到拥有强烈的他人意识，再到成年后的重塑意识，最后在退休后慢慢远离工作和社交。我们也介绍了强大的工作记忆让我们得以应对衰老带来的问题，避免认知能力下降，免受痴呆症的困扰。接下来，我们将介绍日常训练对工作记忆的提升效果、饮食对脑力的影响，以及7个可以最大程度提升工作记忆水平的重要习惯。

工作记忆练习

点红测试（适用于 2 岁的孩子）

测试前，让孩子面对自己，用布擦拭他的鼻子。同时，在他的鼻子上抹上一点口红或腮红。然后在他面前放一面镜子，观察他的反应。如果他能认出镜子中的人是自己，就会去摸自己的鼻子，并试图擦去红色印子。[1]

从工作记忆的角度看，这说明他能够同时处理两条信息——镜子中的形象以及他心目中自己的形象。

用巧克力豆测试他人意识（适用于 5 岁孩子）

该测试可以看出 5 岁的孩子能否意识到他人的想法。

1. 在孩子不知道的情况下，悄悄地拆开巧克力豆的包装袋，并将里面的巧克力豆换成一支铅笔。然后用双面胶将袋子重新粘好，让它看上去像新的一样。

2. 给孩子看巧克力豆的包装袋，让他猜猜袋子里面装了什么。他多半会回答"巧克力豆"。

3. 打开包装袋，给孩子看你先前放进去的铅笔。再次问他包装袋里是什么，以确保他记住了里面的东西。

4. 这时问他，如果让他的朋友来猜，他会猜里面装了什么。

---

[1] 德国洪堡大学的延斯·阿森多夫（Jens Asendorf）博士对点红测试做了一些改动。他希望知道，孩子是不是真的想要擦掉脸上的红点。他给孩子拿来一个洋娃娃，让孩子擦掉洋娃娃眼睛下面的红点。在确认孩子明白擦掉红点是什么意思之后，阿森多夫将口红抹在孩子的脸上，并将洋娃娃放在镜子前面。——作者注

如果孩子回答"巧克力豆",说明他已经能够运用工作记忆抑制回答"铅笔"的冲动,并站在他人角度思考问题。如果答案是"铅笔",说明他还没有成长到能够换位思考的阶段。

限时待机(适用于工作人群)

关掉手机,专心工作。这是来自哈佛商学院的莱斯利·佩洛(Leslie Perlow)的建议。他与顶尖咨询公司——波士顿咨询公司合作开展了一项实验,要求部分员工每周有一个晚上关掉手机,隔绝任何联络,无论是第二天工作汇报幻灯片要增加内容,还是同事询问谁用光了打印机的纸张,或是早上轮到谁买咖啡的消息提醒,统一屏蔽。

一开始,这项限时待机计划备受质疑,但很快就显现出了成效:员工对工作的满意度提高了,更重要的是工作效率也提高了。原因显而易见:在信息轰炸下,我们的工作记忆始终处于开启状态,它会被一点一点消耗殆尽。而如果每隔一段时间小憩一下,工作记忆就可以得到放松,为接下来更重要的工作(比如工作汇报)"充电蓄能"。

➡ 限时待机规则

· 每周至少有一个晚上将手机关机,次数越多越好。

· 知会他人你会暂时失联。否则,等待你的就是同事和客户的怒火。

· 尽情放松。这是一个远离电子产品(包括电脑)的好机会。去跑步,和儿子玩闹,享受与女儿的亲子时光;在女儿给你编小辫子的同时，你给她讲讲故事。

与节奏共舞（适用于各年龄段成年人）

乐队里的鼓手也许不是最耀眼的那一个，但可能是最聪明的。日本心理学家斋藤悟（Saturo Saito）发现，对节奏的把握与工作记忆有关。他要求实验参与者记忆并处理一系列数字，结果显示，参与者们完成这项工作记忆任务的能力与其对音乐节奏的记忆力紧密相关。你可以用以下方法增强工作记忆。

·学习架子鼓等乐器。

·听音乐时，注意留心其中的节奏，尝试用勺子在腿上跟着节拍敲打，或是用食指轻敲桌面。

学习外语（适用于各年龄段成年人）

如果希望增强工作记忆，你还可以学习一门新的语言。研究表明，相比单语使用者，双语使用者在一系列认知任务中的表现都更好，包括工作记忆任务。更重要的是，通过学习双语建立的认知储备可以有效缓解痴呆症。2012年的一项研究表明，当出现阿尔茨海默病的早期症状时，双语使用者的正常认知功能可以留存更长时间。

·在当地社区大学报名参加一门外语课程。

·从当地图书馆借阅外语音频光盘。

·在网上阅读外语出版物。比如，我们有一个朋友在脸书上关注了《巴黎竞赛画报》，通过阅读他们发布的脸书内容学习法语。

不要退休（适用于老年人）

停止工作意味着停止思考。你也许不愿意承认，但这是不可避免的事实。越早退休，就越容易出现痴呆症状，例如算不出2+2等于多少、把钥匙忘在制冰器里。步入晚年后，让工作记忆维持良好状态的诀窍在于保持工作、让生活充实起来。无论是留在工作岗位，还是参与志愿活动，都可以持续锻炼工作记忆，这样你才有机会更长时间地陪伴自己的孙子孙女。

·如果你热爱自己的工作，那么无论多少岁都不要退休。

·如果你迫不及待地想要退休，没关系，但记得换一份喜欢的工作。

·定期参与志愿工作。

·在过去工作的领域给后辈提供指导。

·积极参与社区活动。

第八章

工作记忆训练入门

我们自己的研究和同行的研究都证实了一个好消息：工作记忆水平是可以提升的。在接下来的几章中，我们将分析各种提升方法，比如做训练、建立某些日常习惯、向工作记忆高手学习。本章，我们重点关注近期涌现的一系列大脑训练书籍、软件和网站中用到的智力提升方法，比如填字游戏、单词搜索和拼写、逻辑练习、数独、电子游戏以及其他锻炼脑力的电脑游戏。

这些大脑训练方法通过不同的方式提升大脑认知，但我们不确定它们是否一定能够增强工作记忆。为此，我们搜集了实验结果，观察其对提升工作记忆的实际效果。其中有些方法专门增强某一特定的认知技能，有些可以增强整体的大脑健康，还有一些方法则专门增强工作记忆。在评估每种练习的效果时，我们尤其关注两点：

- 能够提升何种技能？
- 改善效果能维持多久？

能够提升何种技能？

在思考这个问题之前，我们首先要了解一下心理学中的"迁移效应"。这些大脑训练游戏是仅仅提升了我们玩游戏的能力，还是提升了可以迁移到生活的其他领域的能力？迁移有两种形式：近迁移和远迁移。

近迁移是指训练某项技能时，其他相关领域的能力也得到了提升。可以这样理解：连续做了两个月的抬腿训练后，在做负重下蹲练习时，也可以承受更重的重量了。同样地，坚持做工作记忆练习，工作记忆测试的成绩也会变好。

远迁移是指训练某项技能时，其他没有明显关联的领域的能力也得到了提升。比如，做完抬腿训练后，短跑速度也变快了。像"丛林记忆训练法"这样的工作记忆训练软件可以提升一个人的学习成绩，这就叫作远迁移。

在本章中，我们将探讨这些训练软件是如何产生或近或远的迁移效应的。

本章关注的另一个关键点则是这些提升效果的持续时间。有些练习方法带来的提升也许仅仅出于使用者对训练方法的新鲜感，但另一些练习方法确实可以产生长期效果。让我们带着这些问题来了解一下各种练习方法。

削尖铅笔来解谜

填字游戏、逻辑练习、单词搜索和数独游戏可能不是最前沿的大脑训练方法，但研究已经证实，这些方法确实有助于保持思维敏捷，对我们大有裨益。尤其是数独，一直深受媒体的关注。科学家们正在评估数独对提高智力的益处，评估结果对数独出版商来说似乎是好消息。2012年，纽约州立大学的杰里米·格拉布（Jeremy Grabbe）开展了一项实验来检验数独能否提升工作记忆。他招募了两组参与者，一组20多岁，另一组60多岁，要求他们完成数独和记忆任务，例如倒序记忆数字。

格拉布发现，不论是哪个年龄段，数独完成得好的参与者都比完成得不好的参与者工作记忆分数高出约50%。但是这一结果没有直接证明两者的因果关系——既可能是因为良好的工作记忆有助于做数独，也可能是练习数独可以提升工作记忆。即便如此，两者之间的联系至少说明数独有可能是工作记忆训练的有效工具。

电子游戏可以提升工作记忆吗？

电子游戏一向声名狼藉。有些青少年、成年人在游戏上浪费了大量时间，给社交、工作、学业、幸福感都带来不良影响。但是玩游戏并非一无是处。研究人员发现，虽然暂时没有有力证据证明电子游戏有利于工作记忆，但现有研究至少说明它可能对大脑有积极作用。研究人员将常见的游戏分为三类：

·简单游戏，比如《俄罗斯方块》和《大金刚》（任天堂出品游戏）；
·一般大脑训练游戏；
·需要在复杂的虚拟环境中集中精神进行战略思考、规划并解决问题的策略类游戏，比如《国家的崛起》或《荣誉勋章》，这类游戏对感知力要求很高,需要识别各种危险,寻找补给物资,并留心敌方情况。

◐ 简单游戏

一些简单游戏可以达到近迁移的效果,即提升关联较为紧密的技能。比如,俄罗斯方块是一种排列方块的游戏,需要移动或旋转方块从而与已有方块配对,玩俄罗斯方块可以提升玩家在完成心理旋转任务时的表现。是不是很有道理?再比如,在马里奥兄弟系列的《大金刚》游戏中,玩家必须快速操控角色,跳过地洞、避免陷阱,对这种快速思考的训练可以提高玩家在与反应速度相关的任务中的表现。这些简单有趣的游戏可以在一定程度上改善认知能力,但到目前为止,其作用主要表现在近迁移方面。

◐ 一般大脑训练游戏

一般大脑训练游戏一直是各类研究的重点。它们是基于电脑程序设计的各种游戏,比如记忆游戏、数学问题、逻辑练习、拼词游戏以及视觉感知游戏。许多欧美研究人员想要知道,这些在线游戏能否提高认知水平,特别是工作记忆水平。

为了探明这些游戏对儿童的作用,法国心理学家阿兰·利耶里(Alain Lieury)在实验中对比了任天堂的大脑训练游戏与传统的纸笔练习(比如信息解密、图像配对、找不同)对工作记忆的提升效果。在对大量10岁的孩子进行测试后,利耶里发现电脑游戏的提升效果并没有明显高于纸笔游戏。2010年,他进行了后续研究,发现一、二年级的学生在玩了六个星期的电脑游戏后,工作记忆得分并没有提高。可见,这些游戏对工作记忆不存在远迁移效应。

2010年，美国心理学家菲利普·阿克曼（Phillip Ackerman）招募了一批50—71岁的参与者，要求他们玩四个星期的任天堂大脑训练游戏。他没有专门测试工作记忆，但他发现，虽然参与者们进行了广泛的训练，但他们在句子填空、言语类比推理、限时任务等各类认知测试中的表现并没有得到改善。

2012年，日本研究者野内类（Rui Nouchi）招募了一批60—80岁的老年人，要求他们连续四周玩任天堂的大脑训练游戏，每周玩五次。他发现，尽管他们的认知测试（如控制动作技能）成绩有所提高，但在评估工作记忆的倒序记数测试中，他们却没有明显进步。因此总体而言，虽然在玩各种常见的大脑训练游戏时，我们玩得越来越好，但对于大脑训练游戏能够改善工作记忆这一点，仍然缺乏研究支持。

◯ 策略类游戏

策略类电子游戏非常考验玩家的规划能力、专注能力和问题解决能力。大量研究表明，这些游戏有助于提升各年龄段人群的认知能力。其中一项研究发现，《荣誉勋章》《国家的崛起》等游戏的专业玩家比普通人注意力水平更高，对移动物体的反应更快，完成心理旋转任务的速度更快。心理旋转任务在认知测验中很常见，比如想象某个字母或图形沿其中轴线旋转，然后判断旋转之后与旁边的字母或图形是否相同。

2012年的一项研究中，研究人员要求老年参与者玩在线游戏《魔兽世界》，在其中扮演虚拟角色，与其他玩家合作完成任务，在虚拟世界里与怪物打斗、完成史诗级战争。之所以选择这款游戏，是因为其对认知能力要求很高：玩家作为虚拟角色，需要运用特定角色所具备的特定技能，依据文字说明和地图找到虚拟世界中的某个新位置，对屏幕上不断变化的指示做出快速反应，留意角色的体力状态，并选择性忽略部分可能分散注意力的信息。

心理旋转任务：在第一组示例中，旋转后的"F"与右侧图形相同；而在第二组示例中，字母在旋转后与右侧图形不同

必须承认，让参与者玩《魔兽世界》不是十全十美的选择，部分参与者出现了第四章中介绍的成瘾现象，颇具讽刺意味。训练组参与者每天玩一个小时，持续几个星期，而对照组不玩游戏。遗憾的是研究人员没有直接测试他们的工作记忆，因此我们无法给游戏对工作记忆的提升效果下结论；但有趣的是，玩了游戏的参与者在涉及工作记忆的史楚普实验中表现更好。在这项实验中，实验人员用某种颜色的字写出另一种颜色的名称，比如用红色字写出"蓝色"这两个字，参与者要说出字的颜色，即"红色"而不是"蓝色"。在这一过程中，工作记忆指挥官需要牢记任务要求，说出词语的颜色而不是读出词语。这说明策略类游戏也许能对工作记忆产生积极影响，因此有必要对此进行专门研究。

那么，我们可以得出什么结论呢？总体而言，电子游戏或是一般大脑训练能够有效提升诸如反应速度、心理旋转等认知技能，但是没有直接证据表明它们能够改善工作记忆。

工作记忆训练

与上述大脑训练方法不同，本书中介绍的工作记忆训练方法全部基于我们自己的研究以及学界在工作记忆提升领域的专门研究。

罗斯成立了一家公司，专门开发了名为"丛林记忆训练法"的青少年工作记忆训练软件，包含多种锻炼工作记忆指挥官能力的游戏，比如：

· 空间技能训练游戏；

· 基于单词与字母的心智加工游戏；

· 数学解题游戏；

· 注意力训练游戏。

游戏难度是逐级提升的，对玩家工作记忆的挑战也逐级提升。临床测试表明，"丛林记忆训练法"能够同时实现近迁移和远迁移。接下来我们将看到，定期接受丛林记忆训练的学生工作记忆进步显著（近迁移）。不仅如此，他们的语文、数学考试的成绩也有提高（远迁移）。一名老师告诉我们，她有一名学生多年来一直在阅读上苦苦挣扎，而在使用"丛林记忆训练法"后，成绩跃升了三个等级。

这不是个例。许多老师、家长、学校辅导员都提到，孩子在接受丛林记忆训练后，各方面表现都有所提升。一名老师欣喜地发现她的学生不仅成绩提高了，上课也更专注了；一个妈妈告诉我们，她的孩子现在能更清楚地记得她几天前说过的话了；另一名老师注意到，学生在专注度和任务完成度上进步明显；还有许多人评价，孩子们在接受训练之后自信心和学习动力都增强了。

丛林记忆训练的效果似乎不是昙花一现。迄今为止，临床测试表明，提升效果是长期的，至少可以维持8个月。在本章末尾，我们将告诉你如何免费获取"丛林记忆训练法"的试用版，你可以让你的孩子试一试。

我开展过多次临床测试检验"丛林记忆训练法"的训练效果。最让我激动的是，检测结果显示其实现了远迁移效应。在测试中，我对一组学习困难学生进行了丛林记忆训练。为了证明实验组孩子的工作记忆改善和成绩提高是丛林记忆训练的结果，我设置了一个对照组，为他们提供语文和数学的课业辅导，鼓励他们取得最佳表现。两组参与者在训练前后均接受了测试。

两组参与者在进行相应的训练之前，分别接受了工作记忆、智商和学术能力测试，两组人的表现相差无几。这是一个重要的前提，它可以有力证明之后的成绩提升来自各自接受的训练，而与起始水平无关。

在8周的训练之后，我再次测试了他们的工作记忆。两组之间差异显著：接受课业辅导的对照组的孩子在工作记忆上没有任何提升，而丛林记忆训练组则提高了近10%。鉴于"丛林记忆训练法"是专门用于锻炼工作记忆的，因此这一提升可以看作近迁移效应。

那么丛林记忆训练能否实现远迁移呢？它能提升工作记忆以外的能力吗？答案是肯定的。接受丛林记忆训练的实验组参与者的语文与数学成绩也有所提高。比如他们的拼写成绩提高了近10分，相当于从C提高到B、从B提高到A。相比之下，8周后，对照组参与者的成绩没有明显改善。

为了更直观地感受"丛林记忆训练法"的惊人成效（近10分的成绩提升），可以对比一下曾经引发热议的人类平均智商的进步。在过去50年中，人类的智商大幅提高，但其幅度也不过每10年3分左右。相比之下，使用"丛林记忆训练法"8周的效果就十分惊人了。

此后，我又进行了另一项研究，考察"丛林记忆训练法"能否改善阅读障碍和自闭症学生的工作记忆，同样得到了令人兴奋的结果：定期接受丛林记忆训练的学生工作记忆提升幅度比每周只练习一次的学生高出5倍；他们的语文和数学成绩也大大提升，进步幅度比后者高出4倍。

最令人兴奋的消息还在后面。8个月后，我再次测试了这些学生，结果发现虽然这段时间没有接受训练，但他们仍然保持着先前所取得的进步。这表明，他们的工作记忆获得了长久改善。

接下来需进一步研究的重要问题是：对于成年人而言，丛林记忆训练能带来多大效果。在第七章中，我们介绍了大脑从童年到暮年经历的一系列变化，因此成年人从训练中获得的收益可能有所不同。到目前为止，大多数对工作记忆训练有效性的研究都是针对学龄儿童或老年人的，因为往往最迫切需要提升认知能力的人群就是具有学习障碍的学生以及认知能力衰退的老年人。不过已有一项重要的研究证明，工作记忆训练对成年人也有明显效果。

2008年，密歇根大学的苏珊·耶吉（Susanne Jaeggi）发表了一篇文章，论证了成年人如何通过训练提高工作记忆测试成绩和一般智力测验成绩。在这项实验中，20—30岁的参与者需要完成一个"双n-back[①]"任务，具体如下：屏幕上出现的方块将随机变换位置，同时会播放字母提示音。参与者必须记住方块的位置和字母，并根据它们出现的顺序进行判断。这对工作记忆要求很高，因为参与者必须同时处理两类信息，对认知能力的要求相当于一只手翻转煎饼的同时用另一只手煎鸡蛋，需要工作记忆同时处理多项任务。

参与者分为四组，分别练习8天、12天、17天、19天。随着他们不断进步，任务的难度逐渐增加，对工作记忆的挑战愈发艰巨。经过训练后，四组参与者在智力测试中的成绩均有进步，并且训练时间越长，进步越大。这一研究还表明，训练不仅产生了近迁移效应，还具有远迁移效应。实验中的训练任务与其后的智力测试并无关联，但它显然提高了参与者的测试成绩。

需要指出的是，并非每个人都对工作记忆训练的成效抱有乐观态度。扎克·希普斯特德（Zach Shipstead）及其同事托马斯·雷迪克（Thomas Redick）、兰德尔·恩格尔（Randall Engle）认为，由于实验方法上存在一些问题，有关工作记忆训练的结论并不完全客观：对照组成员接受辅导时也许没有全身心地投入学习；对改善程度的衡量缺乏客观指标；工作记忆测试本身可能也不够可靠；工作记忆训练有成效的结果在他的研究中没有被重复出来（尽管他的研究结果尚未发表）。不过，在后续研究中，耶吉解决了这些问题。她要求对照组完成非工作记忆训练（这样所有成效都可以直接归因于工作记忆训练）；

[①] n-back任务是一项持续性注意测试，通常被用来评估工作记忆。该范式由Wayne Kirchner于1958年提出。——译者注

她还使用标准化测试等更为客观的方法衡量训练的效果。在采纳了所有批评建议的同时，她的工作记忆训练再次取得了成功。

在我发表的一个丛林记忆训练的报告中，我在实验组进行工作记忆训练的同时，让对照组完成某项与工作记忆无关的任务，并使用了一系列客观的、标准化的测试，对工作记忆及成绩的改善进行测量。不仅如此，我还在后续两项独立的临床测试中成功重复了丛林记忆训练有成效的结果。

越来越多的研究（包括我们自己的研究）证实，工作记忆训练具有明显的成效。当下，许多研究人员关注这些训练给语言障碍患者、唐氏综合征患者等其他群体带来的潜在好处。一些学校还在课堂上引入了"丛林记忆训练法"，结果显示学生们的进步很大。比如，英国一家专门从事阅读障碍儿童教育的学校尝试使用"丛林记忆训练法"，结果发现接受训练之后，学生在阅读测试中进步显著。

关于工作记忆训练的研究仍在继续，它让我们得以了解其成效的广泛性和持久性。目前的结果显示，工作记忆训练非常有效，而"丛林记忆训练法"对于大脑训练一箭三雕，同时实现了近迁移、远迁移以及持续性提升。如果你相信工作记忆训练可以让你的孩子受益，你可以访问 www.junglememory.com，在促销栏中输入优惠码"book"，免费试用"丛林记忆训练法"。

我们在本章开头提到，积极训练工作记忆并非唯一的改善方法，许多日常习惯和小技巧也可以提升工作记忆水平，本书后续章节将会详细探讨。但是首先，我们将在下一章中介绍一些工作记忆超群的人物，分享他们拥有强大脑力的秘诀，从而向他们学习增强工作记忆的方法。

第九章

工作记忆高手的秘诀

有些脑力任务非常复杂，对工作记忆要求非常高，看起来似乎根本不可能完成，而能够完成这些挑战的人通常被认为是天才。但是我们不同意这个说法。我们访谈了许多脑力超群的人，分析了最新的相关研究，得出结论：他们并非天生拥有这些超常能力，而是会用更聪明的方法调动工作记忆指挥官。我们也可以学会这些方法。

在本章，我们将为大家介绍三种提升工作记忆的强大技巧——"解码法""关联法""组块法"。

·解码法：这一技巧的关键在于制定循序渐进的计划或算法，并将其存储在长期记忆中。这样就减少了工作记忆指挥官需要"指挥"的事物，就像一个人工计算器一样，只需按照算法流程逐步破译信息即可。

·关联法：运用工作记忆和长期记忆，将文字信息和视觉信息进行绑定。关联法有助于对名称、对话信息、重要细节等信息的记忆。

·组块法：将信息分解为不同子模块或"组块"，并将其存入长期记忆中。这些长期记忆库中的信息组块让工作记忆指挥官能够高效地管理信息、设置任务的优先级。

接下来,我们将介绍几位工作记忆高手,看他们是如何使用这些基本策略实现大脑的惊人表现的。我们普通人也可以在日常生活中使用这些技巧,将工作记忆从纷繁复杂的信息中解放出来。若能多加练习,我们也能达到和高手一样的水平。

解码法:找出可行的公式

突击测试!6乘以7是多少?42,很简单对吧?12乘以13呢?156,没有那么简单了吧?67乘以82呢?不能用计算器!答案是5494。如果你还记得乘法表,你可以答对第一题,甚至第二题。答不上来第三题也不用难过,大部分人和你一样。鲁迪格·加姆(Rudiger Gamm)是个例外。他是德国数学神童,心算能力非常强大。他的超常能力来自我们所说的"解码法",也就是循序渐进的算法。它们存储于长期记忆库,在需要解决问题的时候,工作记忆可以随时调用。

有了解码算法的加持,加姆可以迅速计算出某一日期是周几,比如1957年10月23日是周三。他曾经做客一个澳大利亚电台节目,主持人要求他计算83的幂,他可以从83的2次幂(83^2,即 $83×83=6889$)一直算到83的9次幂(83^9,即 $83×83×83×83×83×83×83×83×83=186940255267540403$),并且完全正确。更令人惊讶的是，加姆不是脑力超群而社交能力低下的"雨人"①。在其他方面，他与你我并无区别，是个正常的普通人。

神奇的是，学生时代的加姆数学成绩并不突出，对数学课也不感兴趣。毕业之后，他对一种快速计算某个日期是周几的算法产生了兴趣，比如他可以计算出1980年1月13日是周日。他突然意识到自己掌握了某种能够让他成为人工计算器的方法。慢慢地，他积累了一整套解码算法。他将这些算法存储于长期记忆库中，在遇到难题的时候，就可以用工作记忆调用这些算法。

加姆的算法简单但强大，可以减轻工作记忆的负荷。他用算法将问题分解为简单可控的步骤，每个步骤只要求工作记忆记住少量信息。加姆使用的其中一种乘法算法叫作"从左至右法"，从最左边的数字开始，到最右边的数字结束，依次做乘法，并将中间所有的结果相加。听起来很复杂，但其实很简单。看一下他是如何用这种算法解决下面这个问题的。57乘以6等于？

1. 用50乘6，得到300。
2. 将这个结果存储于工作记忆。
3. 用7乘6，得到42。
4. 把两个结果相加，即300加42得到342。

将上述算法和老师教我们的竖式传统算法作一下对比：

$$\begin{array}{r}490\\\times 142\end{array}$$

---

① 电影《雨人》中的角色，自闭症患者，但拥有"过目不忘"的本领，心算速度不输计算器。——译者注

如果在草稿纸上计算，竖式是个好办法，因为只需要进行一位数和一位数的乘法和加法，并且每一步的计算过程都会被清楚地写下来。但如果是心算，你就必须记住每一步的计算结果，这对工作记忆而言是个非常艰巨的负担。而加姆的解码法就要容易许多，只需要记住三个信息：算式中有哪些数字（490×142）、计算到了哪一位（譬如，我已经把400和100相乘，所以接下来需要把400和40相乘，依此类推），以及将上述步骤的结果相加的和。

加姆充分利用了工作记忆—长期记忆循环，即使用工作记忆来调用存储在长期记忆中的信息。为了建立数学运算的长期记忆库，加姆每天会花4个小时反复练习计算，在长期记忆中存储大量运算结果和运算算法，这就像记忆一张超大型的乘法表。比如，记住6×6=36后，就不需要用工作记忆来计算6+6+6+6+6+6=36了。加姆存储了一系列运算结果以及可以自动提供答案的算法，这就意味着他的工作记忆指挥官需要处理的信息就减少了。面对题目，他只需要在长期记忆中搜索已知的结果和最有效的算法，由工作记忆完成中间步骤就可以了。

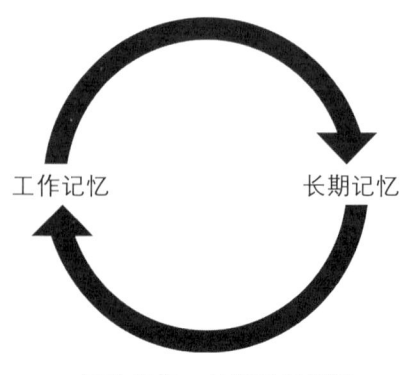

工作记忆—长期记忆循环

比利时天主教鲁汶大学的毛罗·佩森蒂（Mauro Pesenti）开展了一项有趣的研究，揭示了加姆进行高效运算时的大脑活动，从而解释了他之所以能够比普通人更高效地完成计算任务的原因。通过正电子发射断层扫描技术，佩森蒂对比了普通人和加姆在完成计算任务时的大脑活动。在计算时加姆的右侧海马体被激活了。海马体对应着大脑中存储情景记忆或长期记忆的区域——很明显，他在计算过程中调用了长期记忆。但关键是，他的前额叶皮层也同时被激活了。这说明仅依靠算法是不够的，还需要用工作记忆找出合适的算法进行运算。

佩森蒂同时还要求普通参与者完成一系列计算任务，包括靠熟记乘法表就能解决的简单题目和需要调动工作记忆进行解决的难题，并对他们的大脑进行正电子发射断层扫描。结果显示，在做诸如3乘以8、2乘以6、5乘以6等简单乘法题时，参与者使用的是与数字信息相关的脑区，包括左顶叶和前运动回路。换言之，他们的大脑早已记住了答案，只需要提取结果，不必使用工作记忆。随着题目难度逐渐增大，比如计算32乘以14的答案，这些普通参与者就需要用上工作记忆了，因为存储的记忆里没有这些问题的答案。他们得将问题分解为多个计算步骤，调用工作记忆指挥官进行处理。

他们的正确率维持在一个相对较高的水平，约为82%。随着数字越来越大，比如76乘以68这样的问题就需要某种解码法的帮助了，但他们不像加姆那样手上就有相关的算法。当计算变得越来越复杂时，他们只能花费越来越多的时间，运用大脑计算器——顶叶内沟来完成中间的计算步骤。此时他们的工作记忆基本没有被调用。

这可能是因为，他们仍在费力地计算，还没有得到任何可以存入工作记忆的过渡性答案。加姆的经验告诉我们，如果能够长期练习，并积累必要的解码算法，普通人的计算能力也可以获得大幅度的提高。

当然，普通人不必像加姆那样努力，毕竟日常生活中我们并不需要了解83的9次幂的答案。但是，如果能够记住某种解码算法——一种熟悉的、循序渐进地解决问题的方法，你就能从中受益。如今，各种计算设备层出不穷，我们似乎已经丧失了快速心算的能力。

心算能力的缺失会影响到生活的方方面面。比如，在买车、抵押贷款续约，或在董事会会议上给出你的预测时，你不一定能使用手机计算器（不方便或是不合适）。不能细算，就容易做出错误的财务决策。如果有勇气放下计算器，掌握某种解码法，你也许可以成为数学高手，甚至改善自己的处境呢。

玛丽和马克是某家传媒公司的低薪实习生。上司想增加他们的工作量，但不想给他们提薪。玛丽掌握了一些解码算法，而马克只有智能手机里的计算器。老板提出要求之后，玛丽迅速调用了大脑中存储的算法，当场计算出上司给她增加的工作量高达35%，于是提出加薪。她是这样谈判的：

玛丽："如果工作量增加35%，那么工资需要相应增加35%。"

老板："15%如何？"

玛丽："低于20%我就不干了。"

最后，他们达成了加薪20%的协议。玛丽不仅改善了收入，也让上司注意到了她的聪明才智。而马克的情况则完全不同。当上司提出给他增加工作量时，他没有任何异议，直接同意了。他不想丢掉这份工作，因此不好意思拿出手机计算自己的工作量增加了多少。你想成为玛丽还是马克呢？如果希望深入了解解码法对心算的帮助，有不少相关书籍可以参考，比如《数学速算技巧》和《智力的游戏：让代数变简单的神奇方法》。

关联法：记忆万物的艺术

2002年，多米尼克·奥布赖恩（Dominic O'Brien）成功记住随机排列的54副扑克牌的顺序，打破了吉尼斯世界纪录。规则很简单：奥布赖恩有一次机会查看共计2808张扑克牌的顺序，随后需要按顺序说出每张牌的花色。他使用了心理学上称为"关联法"的工作记忆技巧，顺利完成了这一艰难的挑战。关联法是指通过工作记忆和长期记忆，将文字信息与视觉信息进行绑定，从而完成记忆。在学校的时候，奥布赖恩是老师眼中"不会有大出息"的孩子。但如今，他却成了记忆冠军。"关联法"在其中起了主要作用。

他告诉我们，在学生时代，他常常在课堂上因为视觉信息而分神，很难专心听老师讲课。当时的他并不知道自己对视觉信息的热爱将会成就后来他非凡的记忆力。直到30岁那年，他才决定全力以赴投身于关联法的训练，以达到记忆力的最高水平。这再一次说明，智力超人并非生为天才。

几年前，我找到机会与奥布赖恩合作，请他为高中生培训关联法技巧，以帮助他们在英国学生脑力锦标赛中取得好成绩。我亲眼见到他是如何运用关联法,在工作记忆中将名人与自己熟悉的旅行联系在一起的。奥布赖恩所使用的关联法策略(他将其称为"旅行法"),是古罗马"位置记忆法"(即记忆宫殿)的现代版改编。据说这一方法来源于一个真实的希腊悲剧。故事中,希腊诗人凯奥斯岛的西摩尼得斯在宴会上朗诵了一首诗,他刚走出宴会厅,大厅就在他身后轰然倒塌。厅内的所有人都被压在了废墟之中,尸体难以辨认,但是西摩尼得斯通过回忆每个人座位的位置,认出了尸体。奥布赖恩使用了类似的方法,通过将名人与一场自己熟悉的旅行相关联,他得以启动工作记忆—长期记忆循环,从而记住了大量信息。

这项操作分为两个步骤:

1. 用名人来指代每张扑克牌,比如红桃7是詹姆斯·邦德(James Bond),梅花K是高尔夫之王杰克·尼克劳斯;

用名人来指代扑克牌

2. 将扑克牌(名人)出现的顺序与一场他熟悉的旅行联系在一起,当时他联系的是绕着自己最喜欢的高尔夫球场行走。

这两步都需要把两项信息联系在一起,所以都需要用到工作记忆。当这两项信息之间建立联系之后,他将其存储在长期记忆中。在记忆比赛中,如果他看到红桃7之后跟着梅花K,他就会联想杰克·尼克劳斯(梅花K)给詹姆斯·邦德(红桃7)上高尔夫球课。

然后，他把这个故事存储在长期记忆中，如此反复，等整副牌完成后，他会将整段故事回顾一遍；等6副牌全部完成之后，他会将所有内容放在一起对整个故事进行回顾。

将扑克牌出现的顺序联想成一个故事

埃莉诺·马奎尔（Eleanor Maguire）做了一项有趣的研究，揭示了整个过程中奥布赖恩的大脑活动。研究人员要求奥布赖恩以及其他几位记忆专家记忆一连串数字、人脸和雪花的顺序，同时用核磁共振成像技术扫描他们的大脑活动。结果显示专家们的大脑中顶叶皮层被激活，这正是工作记忆处理并管理信息时需要使用的脑区。此外，与长期记忆有关的海马体和压后皮质也被激活。这两个脑区主要与辨别方向的能力以及对路径的记忆有关，例如，我们平时上班的路线。这些实验结果进一步证实了奥布赖恩在记忆过程中调用了工作记忆—长期记忆循环。

在创吉尼斯世界纪录的54副牌记忆挑战中，奥布赖恩相当于进行了54次旅行。他有一次机会查看扑克牌的顺序，接下来有12个小时进行回顾与演练。在所有2808张牌中，他只记错了4张牌的顺序。现场观看他的表现已经足够震撼，但更让我们震惊的是两周之后，在没有复习的情况下，他仍然记得牌的顺序，准确率高达95%。

像这样将信息从工作记忆转存到长期记忆的方法，还有一个好处是在获取信息时可以有效避免干扰。比如，在工作时不断收到新的邮件，我们只能调用工作记忆指挥官将其过滤，这让我们无法专注于正在处理的任务。为了测量工作记忆过滤干扰的效果，心理学家开展了一项实验。他们要求参与者在完成工作记忆任务的同时进行另一项干扰任务，从而测量工作记忆过滤干扰的效果。在工作记忆任务中，参与者需要倒序复述数字序列，比如给定1、2、3，则复述3、2、1。同时，参与者还要复述一串分散他们的注意力的随机字母，比如JCDBZA。正常情况下多数成年人可以倒序复述5个数字，但在有干扰任务的情况下，就只能重复2到3个数字了。

通过运用关联法，奥布赖恩可以有效地抵御干扰。在一次电视直播节目中，他被要求在45分钟内记住6副扑克牌的顺序。在这段时间内，除了燥热的演播室灯光、摄影工作人员、摄像机的干扰，奥布赖恩还要忽视身边舞蹈演员的现场表演，并对其间进行的采访作出回答。但他保持住了注意力，每次都给出了正确答案，为观众带来了精彩的表演。

那么，奥布赖恩的关联法技巧在现实生活中可以如何应用呢？名称、对话信息、重要细节都可以通过文字信息和视觉信息之间的联想来记忆。这在商业场景中非常有用。假设你正在参加一次商务会议，潜在客户吉姆·帕德（Jim Padder）告诉你，他们打算将公司标识从红色改为黄色。你需要将这一信息转告自己公司的销售团队，提醒他们在下周与客户见面时将汇报幻灯片上的标志改成黄色。如何确保记住这一信息呢？你是黄色便签（pad）的忠实用户，于是你动用了工作记忆将黄色便签与"帕德"（Padder）联系起来。现在他在你的记忆中就成了"黄色·帕德"，而接下来就是转告销售团队了。

使用关联法时要记住，视觉信息包含很多维度：人的外表、穿着以及他和你谈话时的表情。记忆这些文字和视觉信息时，可以由工作记忆指挥官将其与长期记忆中熟悉的信息联系起来。有的人擅长记忆面孔，有的人永远忘不掉别人的名字，这些在关联法中都很有用。

组块法（一）：识别联系，以及倒序思考的妙招

工作记忆高手们使用的第三种策略是组块法，这一方法在国际象棋中早已得到大量使用。

卡内基梅隆大学已故的计算机科学家、心理学家赫伯特·西蒙（Herbert Simon）于20世纪50年代发表了一系列关于国际象棋的研究。他在1973年开展了一项开创性研究，观察专家（职业棋手）和初学者在观看棋盘时有何差异。他们分别向专家和初学者展示棋盘，棋盘均来自真实的比赛对局。参与者有5秒钟的时间观察棋盘，然后复原棋子的位置。

不出所料，专家比初学者表现好得多。但是，如果将棋子随机摆放，两者的表现就没有明显差别了。这项研究证明，职业棋手之所以能出色地回忆起棋子的位置，是因为他们在长期记忆中存储了大量棋形组块，可以将棋子摆放模式拆解为自己熟悉的组块。

西蒙与瑞士心理学家、国际象棋大师费南德·戈贝特（Fernand Gobet）合作，深入揭示了棋手们如何利用组块法进行记忆。他们解释，职业棋手会将棋子的位置拆解为三个到四个组块来记忆。国

际象棋大师通常拥有至少十年的比赛经验，已经在记忆中积累了几十万个棋形组块。有充分的证据表明他们能够运用工作记忆调用这些棋形组块。大脑扫描结果显示，职业棋手在比赛中会调用工作记忆—长期记忆循环。

瑞士神经科学家奥格涅金·阿米迪奇（Ognjen Amidzic）已有15年以上的国际象棋经验，致力于研究大师级棋手的脑部活动。他比较了业余棋手和职业棋手的大脑扫描结果，发现前者使用的是大脑颞叶，这一脑区用于分析比赛规则和不寻常的走法。而职业棋手更多使用的是额叶皮层和顶叶皮层，包括前额叶皮层，这些区域都与工作记忆的使用有关。他们对棋形了如指掌，可以快速从记忆中提取相关组块，规划后面的走法；而业余棋手由于对棋形不够熟悉，长期记忆中没有可供调用的信息存储，因此整个过程中不需要启用工作记忆。

国际象棋大师苏珊·波尔加（Susan Polgar）让我们对组块法有了更深的理解。成为大师绝非易事，对女性而言更是如此。2012年，全球1367名大师级棋手中只有27名是女性，约占2%。波尔加在2005年创下吉尼斯世界纪录，成为同时下棋局数最多的棋手。她同时进行了326局比赛，时间长达17个小时，对手既有新手，也有经验丰富的棋手，包括国际象棋大师。她在不同的棋盘间穿梭，每一次落子耗时均少于10秒，最后赢得了97%的比赛，创下纪录。所以我们非常高兴她同意接受我们的访谈，聊聊这次经历。

与鲁迪格·加姆和多米尼克·奥布赖恩一样，波尔加的成就来自于努力而非天赋。她的父亲是匈牙利心理学家拉斯洛（Laszlo），他坚信天才是培养出来的，而不是天生的。他还写了一本名为《培养天才》的书。拉斯洛希望将自己的理论应用在三个女儿身上，于是他在家中教女儿国际象棋，房间里满是对局、走法和棋盘的图表。早在波尔加4岁时，她就在布达佩斯一个国际象棋俱乐部进行了第一场公开比赛。一名俱乐部常客在受到波尔加的比赛邀约时笑了，但当他输给波尔加时，便笑不出来了。接下来发生的事情就众所周知了。波尔加的优势之一在于她下棋的思维方式与众不同。她证明了有些棋形组块优于其他组块。许多职业棋手甚至大师都是按照棋子的位置进行组块，但波尔加却养成习惯，按照棋子之间的关系进行组块。她简单解释了一种名为"捉双"的策略，即一枚棋子可以同时进攻多枚棋子。比如，骑士可以同时进攻国王、王后和车。如果国王受到进攻，处于"被将军"的状态，必须撤退，那么王后和车就陷入危险了。

捉双：骑士以L形移动，可以同时攻击3枚棋子

许多其他棋手则不同，他们通常只看到4枚处于棋盘不同位置的独立棋子，而不会寻找它们之间的捉双关系。如果他们试图记住在不同对局中这些棋子的确切位置，最终只会积累大量无用的信息。而且，一旦遇到他们不熟悉的布局，就会不知所措无从下手。而波尔加把注意力集中在基本的捉双关系上，无须记住4枚棋子的具体位置，相比对手，她有更多富余的脑力。

她可以用捉双关系应对比赛中出现的各种状况，即便是对她而言全新的布局。当然，捉双只是一种相对简单的关系，波尔加能够赢得比赛，有赖于更复杂的关系组块，涉及多枚棋子、多种移动顺序。她的思维方式经过简化之后，新手也可以运用，这正是这种技巧的魅力所在。

她还向我们介绍了自己的另一个独有思路，即设想自己期望的比赛结果，也就是"将军"，然后逐步还原至当前的状态。倒推还原需要调用工作记忆，但她认为这种方法减少了可供工作记忆指挥官选择的走法，从而减少了工作记忆的负担。

组块法（二）：化繁为简，从终点倒推

我们还采访了另一位使用组块法的工作记忆大师，费洛斯·阿布卡迪耶（Feross Aboukhadijeh）。他看起来也许和斯坦福大学计算机专业的学生没什么两样，但他早已登上《纽约杂志》，被誉为未来的史蒂夫·乔布斯、未来的马克·扎克伯格。最近他因开发YouTube Instant（ytinstant.com）而再次走红，这是一个即时视频播放网站，

每次在搜索栏中输入文字，就会自动播放相关的视频。他与室友打赌，自己可以在一个小时之内建立一个YouTube视频实时搜索引擎。结果他输了。因为他花了3个小时，可能是因为他同时还看了一部电影。

那天晚上，他在脸书上发布了新网站链接，然后上床睡觉。醒来时，他有14个未接来电、10条短信以及《华盛顿邮报》的采访邀请。网站发布后14小时，YouTube的首席执行官乍得·赫利（Chad Hurley）向他发出工作邀约，但他拒绝了。后来这个网站吸引了数百万用户。费洛斯一边在斯坦福大学攻读学位，一边礼貌拒绝了各大顶级公司的程序员工作机会——脸书例外，他后来成了马克·扎克伯格的编程实习生。他告诉我们，他以后想自己当CEO。

费洛斯的个人经历证实了一件事，那就是本章中提到的这些专家们所拥有的看似深奥的工作记忆技巧也可以帮助我们在日常生活中增强工作记忆并从中受益。小时候，他重写了微波炉儿童安全锁的代码，结果反而是他的母亲用不了微波炉了。11岁时，他创建了自己的第一个网站。上高中以后，他在书店买了一本网站制作教程，没有经过任何正式培训就自己搭建了视频共享网站freetheflash.com——YouTube概念的前身。网站的底层代码并不完美，但可以正常运行，它很快流行起来，吸引了60万名访问用户、300万次浏览。他是怎么做到的？用他自己的话说："练习，练习，还是练习。"在编程练习中，费洛斯逐渐学会更巧妙的工作方法，其中包括组块法。

让我们来看看他的具体做法。首先，计算机程序的基础就是一段段代码——指示计算机执行某个操作的指令。每个程序各不相同，但原理都是对代码进行组合，许多程序的基础语段很可能是一样的。程序的代码可以长达数千行，甚至数百万行，比如Microsoft Word，将其全部存储于长期记忆中是不可能完成的任务。

那么费洛斯是怎么做到的呢？他并没有刻意去记整个程序，而是专注于对熟悉的代码段进行组合，就像棋手运用熟悉的棋形组块来赢得比赛一样。以编写电子邮件的密码程序为例。其中一段代码用于确定输入的密码与设定的密码是否一致。如果输入的密码正确，另一段代码会允许你登录邮箱；但如果输入错误，则会有第三段代码阻止你访问邮箱。这些代码段共同构成了密码系统。如果代码段组合方式不正确，就有可能出现密码正确却无法登录，或密码错误却可以登录的情况。但只要足够熟悉这些独立的代码段，你就可以写出一个安全的密码程序。

另外，和波尔加的国际象棋一样，某些代码组块优于其他组块。费洛斯之所以能如此迅速地创建ytinstant.com，是因为他所拥有的代码组块让他能够专注于大局，而不拘泥于细节。还记得吗，波尔加根据棋子间的关系对棋子进行组块，这比根据具体位置进行组块要简单得多。同样地，费洛斯在编程组块上的原则是"控制复杂度"，即尽可能将问题化繁为简。

具体而言，编程分为高和低两种等级。高等级编程就像写通俗易懂的文章，程序员就像作家，清晰阐明程序的功能。有时作家需要描述某些复杂的细节，但又不能破坏文章的流畅性。这时，作家通常会使用脚注或尾注，在页面底部或文章末尾提供必要的细节。就像作家写文章时使用脚注一样，像费洛斯这样的天才程序员用类似的方式处理低等级编程，从而将问题化繁为简。因此，如果要计算平方数，不需要在高等级代码中详细描述完整运算（$x^2=x×x$），只需写下"sq"（代表平方运算），然后在低等级代码中定义平方运算的含义即可。这就好比给计算平方数写了一个脚注。

毕竟，信息量越大，工作记忆指挥官就越有可能超负荷。费洛斯通过给"sq"这样的简单语句加上"脚注"的详细说明，有效地解放了工作记忆，使其专注于通往最终目标的道路。其实，代码的简单程度代表了程序员的水平。水平较低的程序员往往会在高等级的正文中写入低等级的脚注内容。如果一个程序员在高等级编程中写入大量低等级内容，说明他还缺乏化繁为简的能力，容易迷失在细节之中。如果费洛斯当初把所有脚注都写进代码了，那么花费的就远不止3个小时了。但是简化信息后，他的工作记忆就能充分利用代码组块来解决复杂的问题，正是这一点最终让他成为了顶级程序员。

除了简化信息，"从终点倒推"是帮助费洛斯成为精简高效的写码机器的另一个诀窍。这点波尔加也跟我们提过。波尔加在比赛中习惯从自己期望的结果向前反推，费洛斯也一样，他会从他想要的结果开始，从后往前一步步厘清步骤。他表示，自己的工作流程就像建筑工人，只不过是从屋顶开始向地基建设。

他以拼写检查程序为例，解释了"从终点倒推"的工作原理："屋顶"就是一个拼写检查程序正确运行的结果——找出拼错的单词并高亮显示；为此，他需要设计一根横梁用来支撑屋顶，即一段用来检查文件中每一个单词、识别拼写错误的代码；接下来，他需要墙壁来支撑横梁，即拼写正确的单词列表；最后是奠定地基，即单词拼写正误的判定规则。这样，在了解了房屋的总体设计之后，他就可以开始这项工程了：从编写寻找错误单词的代码开始，逐步往前推，直至完成地基。倒序修建房屋的方法精简了工作记忆需要考虑的各种可能性，他可以清楚地知道每一步该写什么代码，确保房屋牢固扎实。

那么，加姆、奥布赖恩、波尔加、费洛斯这些工作记忆高手给了我们什么启发呢？他们所使用的技巧在我们的日常生活中都能找到用武之地。无论是解码法、关联法还是组块法，都能帮助我们应对永无止境的信息轰炸。比如，需要快速计算数字乘积又没有计算器时，可以用上加姆的解码法；需要记住大量信息时，可以借助奥布赖恩的关联法；需要制定时间表按时完成任务、设计新产品、为职业理想努力时，可以像波尔加和费洛斯一样"从终点倒推"。

最棒的是，这些技巧并不难学，你需要做的就是去练习。养成习惯每天练习，就可以提升工作记忆，面对大量信息时不再束手无措。通过以下练习，我们可以熟练掌握解码法、关联法、组块法，使之成为日常思维的一部分。

工作记忆练习

成为人工乘法计算器

鲁迪格·加姆计算乘法的方法是从左至右将数字相乘，然后将乘积相加。

例1：两位数乘一位数

用加姆的方法，53乘以6是这样计算的：

50×6=300

3×6=18

300+18=318

在做这类计算时，我们需要启用工作记忆，一边思考题目，一边记住中间步骤的计算结果，然后相加。

练习1

重复上述步骤，解答下列题目（答案在本章末尾）：

78×4=？

33×5=？

25×8=？

45×3=？

例2：两位数乘两位数

两个两位数相乘，诀窍是只记住目前正在运算的结果，而不是之前每一个中间步骤的运算结果。这样做可以释放工作记忆指挥官的容量，让它专注于当前需要解决的问题。乘数越多，这一点越为重要。

用加姆的方法，35乘以56是这样计算的：

30×50=1500

30×6=180

1500+180=1680（仅需记住1680）

5×50=250

1680+250=1930（仅需记住1930）

5×6=30

1930+30=1960

练习2

重复上述步骤，解答下列题目（答案在本章末尾）：

23×34=？

12×24=？

17×55=？

64×70=？

如果需要记住大量信息，就设计一个故事将它们串起来

记忆大赛冠军多米尼克·奥布赖恩的技巧来自古老的位置记忆法。我们可以用如下方法记住一长串信息。

第一步，将随机信息与对你有特殊意义的事物联系起来。假设你刚刚入职一家公司，这家公司生产健身器材上的金属杠铃片。你需要记住一系列产品编号32、62、95、13、30、25。此时，可以运用工作记忆，将这些随机数字与你的海马体中有意义的信息联系起来，比如：

32：迈克尔·乔丹曾经穿过32号球衣，所以迈克尔·乔丹代表32。

62：你的朋友特里身高6英尺2英寸，所以特里代表62。

95：95岁非常高龄，所以老人代表95。

13：电影《13号星期五》中的主角名叫杰森，所以杰森代表13。

30：你的朋友有一条狗名叫伯蒂（Bertie），与30（thirty）发音很像，所以伯蒂代表30。

25：可以联想到25分硬币，所以25分硬币代表25。

第二步，将以上"角色"安排在一个你熟悉的地点。选择一个地点或一条路线，比如你最喜欢、最熟悉的步行路线，你开车上班的路线，甚至可以是你家房间的布局。以房间为例：

乔丹在门厅

特里在前门背后

老人在厨房

杰森在浴室

伯蒂在后院

25分硬币在沙发垫里

第三步，运用工作记忆，把这些信息组合为一个新奇而难忘的故事。比如：

乔丹敲了敲门。

特里请他进门，和他击掌。

他们走到厨房，厨房里老人正在煮茶。

一个戴着曲棍球面具的家伙从浴室里跳出来，四处挥舞着刀。

伯蒂在后院里叫了起来，把他吓跑了。

你从沙发垫里摸出了一枚25分硬币，非常开心。

这就是32、62、95、13、30、25的故事。

巧妙地化繁为简！

编程天才费洛斯·阿布卡迪耶说，简化不必要的步骤，可以释放脑力进行创新。同样地，通过简化，我们也可以让工作记忆专注于真正重要的事情，从而更高效地利用时间和精力。

大多数颠覆性的技术最初都只是几个看似简单实则充满想象力的词语，比如谷歌的"无限网络搜索"，iPod的"无限的音乐"，古腾堡印刷术的"无限的文字"，以及汽车的"没有马的车"。

选择一个你希望实现的目标，希望开发的产品，或是希望拓展的想法，然后用两三个词语概括。养成这个习惯，用清晰、简洁、准确的表达来锻炼大脑。不一定是新兴技术，也可以是个人生活，比如职业发展（"营销总监"）、生活空间（"减少家具"），或是个人健康（"降低体重"）。

从终点倒推

波尔加在比赛中从"将军"这一目标出发，回推每一步落子，最终赢得棋局；费洛斯先设想目标产品再写下代码。我们也可以用同样的办法，从终点出发，倒推出需要的步骤。假设你入职了一家科技公司，担任初级职位，这家公司如果有职位空缺，会首先向内部员工开放申请。你第一次收到了职位空缺通知，其中有两个职位很吸引你。但是，是选择销售还是市场营销呢？很简单。从你期望的职业终点开始倒推。如果你想成为副总裁，就看看哪个职位可以到达副总裁的位置。这家公司曾经提拔了一名销售经理为副总裁。这样,答案就很清楚了——选择销售,而不是营销。

在纸上写下你的终极目标,然后从上往下写下达到这个目标所需的步骤。比如上文的例子可以这样写:

副总裁

销售经理

销售员

初级职位

建立稳定的人际关系

动用工作记忆获得的信息可以在头脑中保存更久。那么如何在向新朋友介绍自己的时候让对方动用工作记忆,从而更深刻地记住你呢?

◯ 你叫什么名字?

一种让别人记住名字的简单方法是,倒着读出胸牌上你自己的名字,或者干脆摘掉胸牌,告诉对方你的名字倒过来怎么拼写。比如,"我的名字倒过来拼是y-c-a-r-t"(Tracy)。

再比如,主持会议时,你希望每个与会者都尽量给别人留下印象,可以试试茶歇或者问候环节让大家用数字、符号、图片或者其他任何合适的事物代替名字里的字母。"你好,我叫18—15—19—19"(此处18,15,19分别代表着R,O,S三个字母,也就是ROSS)。这个例子可能更适合数学家、会计师,但其原理是迫使他人通过"解码法"获得你的名字,这个过程需要用到工作记忆,因此记忆会更长久。

◐ 你做什么工作？

调动他人的工作记忆来记住你的职业最有效的方法是给他们出个谜语。网上流传的一个例子如下：

我的工作是挖出小小的洞，把金银藏进洞中。我还修建银桥，制作金冠，但是非常细小。人们早晚会需要我的帮助，但多数人都会害怕求助于我，那么我的工作是什么呢？答案是牙医。

如果能在介绍自己的时候让对方动用工作记忆，就不用担心大家记不住你了。

记住他人的名字

在用以上方法记住别人的名字之前，可以思考一下自己更擅长处理视觉信息还是文字信息，选择更擅长的那个方法，用关联法把新朋友的名字保存在长期记忆中。关键在于对信息进行处理，将其与自己熟悉的事物绑定在一起。

如果你擅长处理视觉信息：面对新朋友，关注他的穿着、外表和发型，记住这个画面，并将其与自己熟悉的事物联系起来。比如你遇到了一个名叫罗伯特的人，他戴着红色的领带，所以你把他记为"红色罗伯特"。再比如，莫琳戴着墨绿色项链，而且"墨绿"和"莫琳"押头韵，所以你把她记作"墨绿莫琳"。

如果你擅长处理文字信息：关注对话内容，将其与记忆中自己经历过的事情联系起来。以下是一些例子：对方的名字叫菲尔，喜欢钓鱼，而你的办公室里有一个鱼缸；布莱恩讲了一个关于鸭子的笑话，而你新买了一个羽绒枕；你新认识了乔丹，想起自己有一个高中同学也叫乔丹。

数学题目的答案：

$78 \times 4 = 312$ $\qquad$ $23 \times 34 = 782$

$33 \times 5 = 165$ $\qquad$ $12 \times 24 = 288$

$25 \times 8 = 200$ $\qquad$ $17 \times 55 = 935$

$45 \times 3 = 135$ $\qquad$ $64 \times 70 = 4480$

第十章

工作记忆饮食指南

  工作记忆可以通过训练获得改善,但除此之外,还有许多其他提升方法。事实上,最有效的工具也许就是你的餐刀、叉子与勺子。没错,我们吃下去的食物对工作记忆影响深远,既可能强化它,也可能拖累它。饮食的作用究竟有多大?问问艾略特的父母就知道了。

  艾略特今年9岁,学习很吃力。他的父母接受BBC采访时说,艾略特非常讨厌阅读,不愿做作业,在沙发上安营扎寨,成天看电视,前途一片黯淡。但后来,他参加了一项科学研究,于是一切都改变了。作为研究的参与者,他需要在饮食上做一点点的改变:每天额外摄入某一食物。

  实验快结束时,艾略特几乎变了个人:他不再成日漫无目的地在电视机前消耗时间,转而埋头阅读《哈利·波特》系列丛书,放学后甚至主动去图书馆。他的父母几乎不敢相信儿子的转变。这都归功于一款简单的食品补充剂(稍后揭晓它的名字)。它增强了艾略特的专注度，改善了他的工作记忆水平。

饮食对工作记忆到底有什么作用呢？数不胜数。本章，你将领略食物如何强化工作记忆，饮食习惯如何改善认知技能，以及其他益处。祝您用餐愉快！

哪些食物有助于增强工作记忆？

工作记忆是大脑的功能之一，如果大脑没有处于最佳状态，工作记忆水平也要打折扣。食物提供了大脑的基本构成要素，它在满足大脑的营养需求的同时，也滋养着工作记忆。近几年，有大量媒体报道了食物对大脑健康的促进作用，但我们希望对其进行更为深入的研究，去找到那些可以切实提升工作记忆的食物。我们对最新研究进行了筛选，围绕工作记忆的主要构成要素，将有利于提升工作记忆水平的食物分为三类。

·维持型食物：这类食物防止了工作记忆恶化。

·促进与保护型食物：这类食物促进了神经元生长和大脑内血液流动，对工作记忆具有提升效果；同时保护神经元，避免神经炎症和细胞老化，延缓认知衰退。

·触发型食物：这类食物协助神经元之间的电信号传输。神经元之间的信号传输越快速、越顺利，工作记忆就会越清晰、越强大。

想要提升工作记忆的话，就准备好以下各类食材吧。

维持型食物

奶制品

我们都知道，牛奶有利于身体健康，而最新研究显示，牛奶对工作记忆也有好处。大量研究表明，一个人摄入的奶制品越少，认知衰退的可能性越高。2012年，由来自美国缅因州和澳大利亚的研究者组成的跨国团队考察了奶制品（包括牛奶、酸奶、奶酪，甚至冰激凌）摄入量对认知的影响。他们对23—89岁的900多名参与者进行了认知测试，包括工作记忆测试。结果显示，每天至少喝一杯牛奶的人工作记忆强于没有这一习惯的人。

事实上，认知测试共有8项指标，其中每项得分最高的参与者，都是每天奶制品摄入最频繁的人。注意，这项研究统计的是摄入奶制品的频率而不是具体摄入量，比如牛奶的单位是2杯而不是8盎司，因此，研究结果对奶制品摄入量并没有借鉴意义。

那么，全脂奶与低脂奶有差异吗？两者对工作记忆的影响是否相同？目前还没有定论。在上文提到的研究中，科学家们没有发现全脂奶制品的摄入与低下的认知表现之间的相关性。上文提到的澳大利亚研究团队中的一位研究者于2012年在《食欲》杂志发表了一篇论文，专门测试了低脂奶制品摄入量对认知能力的影响，发现多食用低脂乳制品可以改善工作记忆。

关于全脂奶制品和低脂奶制品何者更好，学界存在很多争议。许多研究显示，饱和脂肪含量高的饮食会导致记忆下降、认知衰退。而相比同类低脂产品，全脂牛奶、奶油、冰激凌、酸奶等全脂奶制品中，饱和脂肪的含量相对更高。许多专家因此将全脂奶制品妖魔化为大脑杀手。这一点我们并不认同。

毕竟，在盒装全脂奶和低脂奶的营养标签上，饱和脂肪的含量差距并不明显，而一杯牛奶中的差异就更小了。

牛奶种类	每杯中饱和脂肪含量（克）
全脂牛奶	5
2% 低脂牛奶	3

我们仔细分析了研究数据，发现大多数的研究认为饱和脂肪与认知衰退之间的关联关键在于摄入量。这些研究并没有得出饱和脂肪本身是否会伤害脑力的结论，而是认为过量摄入饱和脂肪确实会损伤大脑。一颗小小的冰激凌球对工作记忆有好处，但一整桶冰激凌就适得其反了。所以，要担心的不是高脂奶制品，只要适量摄入，就没有问题。在咖啡中加入一勺奶油，或是几片奶酪，都是可以接受的。

⮕ 红肉

近几年红肉一直被唱衰，但学界证实，红肉对工作记忆有好处。红肉中含有肉碱和维生素 B12，都是有利于工作记忆的营养素。肉碱能促进身体燃烧脂肪，并且加速神经元之间的信号传输。虽然人体中的肝和肾能天然生成肉碱，但研究显示，年龄越大，额外摄入肉碱越有好处。

一项以大鼠为实验对象的研究表明，对于需要使用工作记忆的任务，肉碱可以有效提升表现。研究人员还发现，对于百岁老人，肉碱可以减轻精神疲劳。维生素B12也很重要，如果摄入不足，大脑就会萎缩——阿尔茨海默病的症状之一，导致工作记忆受损。

问题是，说到红肉，我们首先想到的往往是牛肉，也是至今最受欢迎的红肉，但很多部位的牛肉含有大量饱和脂肪。有没有办法在保证肉碱和维生素B12含量的基础上，避免摄入过多脂肪呢？可以考虑瘦牛肉，比如后腿肉、里脊肉、底板肉和腱子肉。当然，量也很重要。我们游历了许多地方，发现无论是在巴黎、新加坡还是危地马拉，餐馆里的牛排分量都很足，与手掌一般大小；而在美国，如果你点牛排，他们会给你上各个部位，除了牛角、牛蹄。与全脂奶制品一样，一小块牛肉就可以提供大量能量。

另一种红肉同样值得一提，富含肉碱和维生素B12，但脂肪很少——鹿肉。鹿肉很难猎得，通常只在肉店和专卖店有售，普通的菜场几乎买不到。如果身边的肉店买不到鹿肉的话，可以试试网购，或者联系当地的猎人——可以买到不含激素、不含类固醇、不含抗生素的新鲜野生鹿肉。

促进与保护型食物

这一类主要是植物性食品，包括水果和蔬菜。它们富含类黄酮，一种具有强大抗氧化效果的光化学物质。类黄酮种类成千上万，是蔬果颜色的来源，比如蓝莓的蓝色、葡萄的红色。

2009年，一项关于类黄酮益处的研究综述显示，类黄酮有利于提升工作记忆，抵御正常衰老过程中的记忆衰退。那么类黄酮对工作记忆具体发挥了什么作用呢？

·类黄酮可以穿过血脑屏障——将大脑与危险病原体隔离开以保护大脑免受感染的屏障。如果说血脑屏障就像汽车的引擎盖，那么类黄酮就像机械工程师，可以打开引擎盖，检查并修理发动机。

·类黄酮工程师修理引擎的方式有很多种，包括促进大脑血液循环，在完成复杂任务时确保大脑有足够的血液供应。运动员如果肌肉中血液不足，便无法坚持完成比赛。同样地，大脑思考时也需要血液，而类黄酮促进了血液流入大脑。

·类黄酮还能减轻氧化应激反应，避免神经元提前老化甚至死亡，而神经细胞死亡是痴呆症的罪魁祸首之一。

·类黄酮可以调节神经炎症，即大脑对脑损伤和疾病的自然反应，这类炎症如果不加以控制，会导致神经元渐进性损害。类黄酮可以在神经元受到毁灭性伤害之前，阻止炎症的继续发展。

·类黄酮还能刺激成年人的神经元再生。大脑由神经元组成，如果太多的神经元受损或死亡，会影响工作记忆。类黄酮促进神经元再生后，大脑潜能将得以充分发挥，当然这也改善了工作记忆。

以下是富含类黄酮的食物：

·浆果：接骨木浆果（其类黄酮含量极其丰富）、蓝莓、黑莓、蔓越莓、黑覆盆子（未冷冻、未加工的浆果类黄酮含量最高）；

·草药和香料：刺山柑、莳萝叶、欧芹、鼠尾草、百里香；

·可可含量70%以上的黑巧克力（味道也很好）；

·蔬菜：甘蓝菜、羽衣甘蓝、菠菜；

·豇豆；

·绿茶、红茶；

- 梅子（生的）；
- 红酒（赤霞珠、西拉的类黄酮含量尤其高）、餐后甜酒。蓝莓酒、黑莓酒、蔓越莓酒也可以尝试。

触发型食物

触发型食物有助于神经元间的电信号传输。电信号传输越快、越顺畅，工作记忆也就越清晰、越强大。电信号从一个神经元传到另一个神经元的过程中，神经元细胞膜开合形成细小通道，信号从通道中穿过细胞膜。细胞膜由脂肪构成，脂肪灵活性越高，通道开合就越容易。

大脑中最灵活的脂肪是omega-3脂肪酸、DHA和EPA，这三类脂肪可以形成轻松开合的神经元通道，让信号像在拼车专用道[①]上一样自由流动。这意味着工作记忆水平将得到提升。

还记得9岁的艾略特吗？从沙发到图书馆，从电视到书本，他的转变正是omega-3脂肪酸的功劳。科学证据表明，omega-3脂肪酸可作为工作记忆增强剂，哪怕是正值年富力强的青壮年，也可以从中获益。2012年的一项研究中，研究人员要求一组18—25岁身体健康的参与者连续6个月服用omega-3，结果发现6个月后他们的工作记忆水平大大改善。另一方面，omega-3含量不足会导致工作记忆受损。比如2012年的一项基于3000名参与者的研究中，加州大学洛杉矶分

[①] 拼车专用道也叫高上座率机动车道或快速车道，指在交通高峰时段专门预留给那些除司机外还搭乘一名或多名乘客的机动车道。拼车专用道有助于缓解交通拥堵。——译者注

校的研究团队发现，在工作记忆任务中，DHA水平较低的成年人比DHA水平较高的成年人表现要差。

油性鱼类中富含的omega-3，可能使我们的史前祖先受益匪浅。史前灭绝的尼安德特人化石显示，尼安德特人的骨骼胶原蛋白中不含海洋蛋白。然而在延续下来的史前人类遗体的胶原蛋白中却检测出了鱼类蛋白——其饮食结构中高达50%为海洋动物。一些研究人员认为，史前人类开始食用鱼类是因为当时诞生的艺术文化对工作记忆提出了更高的要求（第十三章将会详细介绍）。

DHA和EPA的最佳来源是油性鱼类，比如鲑鱼、金枪鱼、鳟鱼、鲭鱼和沙丁鱼；鹿肉等低脂红肉以及高DHA蛋类也提供了丰富的omega-3。植物性来源则包括核桃、亚麻籽和绿叶蔬菜。此外，油类也可以补充DHA和EPA，比如鳕鱼肝油和亚麻籽油。但是要注意，提供DHA和EPA的动物性食物和营养增补剂比植物性食物更有益于大脑。

以下是含DHA或EPA的食物：

· 油性鱼类：鲭鱼、鲑鱼、沙丁鱼、鳟鱼、金枪鱼；
· 鹿肉等瘦肉；
· 高DHA蛋类。

养成习惯：制定自己的工作记忆食谱

罗斯是一位真正的美食家。他喜欢发挥自己的工作记忆，在厨房里大展身手、即兴创作，常常给我和两个儿子带来惊喜。现在，他首次公开分享自己最喜欢的两份食谱，涵盖了有助于维持、促进、保护甚至激发工作记忆的食材。两份食谱都是一人份，读者可以发挥自己的工作记忆，根据需要增加分量。注意，罗斯烹饪时喜欢随性地加一点这个、加一点那个，所以对于食谱中这些不精确的描述，你可以按照口味自行调整，这并没有对错。

食谱一：鹿肉配豇豆

鹿肉通常略带膻味。如果你是第一次吃鹿肉，可以选择味道较温和的獐鹿。烹饪野味的一个小窍门是搭配同源的佐料，比如同一片森林里的其他食材。

⮕ 鹿肉

1块鹿排，或若干肉块，解冻（总量约为手掌大小）

2滴橄榄油

少量海盐

少量胡椒粉

6—7粒杜松子，用汤匙或研磨工具压碎

5—6粒蓝莓或黑莓

1瓣大蒜

1小枝百里香

少量全麦芥末酱（魅雅牌的味道很棒）

1—2大杯波特酒

1. 将橄榄油淋在鹿肉上，然后加盐、胡椒粉和杜松子碎调味。

2. 将鹿肉放在一旁腌制。

3. 低温预热煎锅（最好是钢制的）约5分钟。

4. 在锅中倒入橄榄油，然后将腌好的鹿肉放入锅中。

5. 在鹿肉周围放上浆果、大蒜、百里香和芥末（不要放在鹿肉下面）。

6. 煎3分钟左右，直到底部呈焦黄色，然后翻面。同时翻炒浆果和大蒜，以免煎糊。

7. 再煎3分钟，直到鹿肉完全呈焦黄色。

8. 取出鹿肉放在一旁。

9. 倒入波特酒润锅，用木勺将浆果、大蒜、芥末和百里香捣碎。润锅时，将酒倒入锅中，用木勺将锅底的残留物清除，全部溶解在波特酒中，这样可以增加酱汁的层次。

10. 将鹿肉切成薄片，用筛子过滤，将酱汁淋在鹿肉上。准备享用吧。

⊃ 豇豆

1滴橄榄油

可选：2—3小块培根（小块培根用于提味）

半个洋葱

半个红辣椒，切成碎粒

少量海盐

少量黑胡椒

半杯豇豆，浸泡一夜后煮至变软（煮豆水不要倒掉）

可选：一小杯波特酒

1. 预热小煎锅，在锅中倒入橄榄油。
2. 加入培根丁，煎至表面呈焦黄色。
3. 加入洋葱、红辣椒、盐和胡椒粉，煎至洋葱呈透明状。
4. 加入豇豆，倒入煮豆水，还可以按照个人口味加入波特酒。
5. 煮至豇豆表面光滑后，滤掉酒水。准备享用吧。

⤴ 甜品

各式奶酪，比如熟哥达奶酪、蒙特里杰克干酪、车打干酪（每样均切成小片）

食谱二：三文鱼配蒸羽衣甘蓝

⤴ 三文鱼

1块三文鱼排（4—5盎司）

2滴橄榄油

少量海盐

少量黑胡椒

1汤匙莳萝，切碎

少量全麦芥末酱

半个柠檬加上1/4个柠檬

2捧羽衣甘蓝，切碎

1汤匙刺山柑

1. 低温预热煎锅。

2. 将橄榄油淋在三文鱼上，然后用盐、胡椒、莳萝和芥末酱揉搓。

3. 将三文鱼放入预热好的锅中，挤上半个柠檬的汁水，用盘子或盖子盖上。

4. 每一面煎若干分钟。

5. 从锅中取出三文鱼，挤上1/4个柠檬的汁水。

6. 将三文鱼冷却若干分钟，吸收柠檬汁。

7. 等待三文鱼冷却的同时，将羽衣甘蓝碎淋上橄榄油，放入锅中蒸若干分钟。

8. 在三文鱼上撒上刺山柑，佐以蒸好的羽衣甘蓝。

⮕ 甜品：黑巧克力酱配浆果

2勺新鲜黑莓

2勺新鲜蓝莓

2勺新鲜树莓

或4—6大勺各类浆果

约1.5盎司黑巧克力（罗斯最喜欢瑞士莲的）

2汤匙浓奶油

1. 将奶油和巧克力棒放在锅中，调至低温档，不断搅拌使其融化。

2. 将巧克力酱倒在浆果上，即可享用。

佐餐酒品建议：两餐都可以选择赤霞珠、西拉、蓝莓或黑莓酒。

如果一定要用白葡萄酒配三文鱼，也是可以的，但可不要自欺欺人地认为这对工作记忆有好处！

限制食量，周期性禁食

对于工作记忆，吃什么很重要，而吃多少同样重要。越来越多的研究表明，肥胖症可能导致记忆力丧失、认知功能障碍、工作记忆力差，而这一疾病往往是由暴饮暴食引起的。相反，有证据表明，控制食量对健康有很大好处，包括对工作记忆的改善作用。其中，以下两种方法已被证实成效显著：

·热量限制法：降低卡路里摄入量但保持充足营养；

·周期性禁食：不限水禁食和正常饮食交互进行。

热量限制法由来已久。数十年来，大量研究表明，饮食受限的啮齿动物、小鼠和恒河猴比饮食不受限的同类在认知任务上表现得更好。至于节食如何起到保护工作记忆的作用，学界仍存在争议。约翰·霍普金斯大学的马克·马特森（Mark Mattson）认为，节制的饮食习惯可以增强大脑抵御退化的能力。节制饮食时，大脑神经元中会产生轻微的压力反应，使我们发展出抵抗力，从而能够更好地抵御衰老过程中更强烈的压力。在这一压力反应下，大脑会释放脑源性神经营养因子，一种重要的蛋白质，它对神经元具有保护作用，并促进新的神经元生长。研究表明，工作记忆水平与脑源性神经营养因子水平呈正相关。

马特森还发现，限制食量可以避免脑部疾病对认知的损伤。在一项研究中，他让大鼠患上了会导致记忆力丧失的大脑退行性疾病，然后让其中一部分大鼠接受周期性禁食，只能隔日进食，其余大鼠则不限制饮食。研究人员定期为它们进行工作记忆测试。随着年龄的增长，自由进食的老鼠开始出现认知功能障碍，而周期性禁食的大鼠则没有表现出工作记忆障碍的迹象，避免了认知衰退。

如果你觉得现在开始尝试节制饮食的方法为时已晚，那就错了。一项针对老年大鼠的实验表明，通过周期性禁食，工作记忆任务的表现可以得到实质性提升。可见，改善饮食习惯，提高工作记忆永远不会太晚。

这两种饮食方法对老鼠确实发挥了作用，但问题在于对人类是否有用呢？毕竟，我们何以确保热量限制法或是周期性禁食对认知产生了积极效果？目前，学界已经开展了相关研究，以人类为实验对象，探究热量限制对人体的益处。2009年，某研究团队在《美国国家科学院院刊》上发表报告称，在连续3个月节食30%后，参与实验的老年人的语言记忆分数得到了提高，而没有限制饮食的对照组的成绩则没有提升。

波士顿塔夫茨大学的研究团队是人类热量限制研究的开拓者，他们正在逐步公布其研究发现。在其为期半年的"CALERIE[①]人类热量限制实验"中，参与者每日减少10%—30%的卡路里摄入量。2011年，研究人员发表了一些初步成果，表明热量限制法给一系列跟衰老有关的指标带来了积极的改变。我们非常希望，在后续研究中，CALERIE实验会考察热量限制法对工作记忆的影响。大鼠和人类

[①] Comprehensive Assessment of Long-term Effects of Reducing Intake of Energy 的缩写，意为"减少能量摄入长期效果综合评估"。——译者注

的相关研究充分证明，限制食物摄入量有助于提升认知水平。我们对这一结论颇有信心，甚至愿意为此放弃嘴边的食物，每周都主动禁食。

养成习惯：少吃一点

在尝试热量限制和周期性禁食之前，我们强烈建议：先寻求医生指导，再减少热量摄入或节食。

对热量限制感兴趣的读者可以从国际热量限制协会了解更多信息。大部分周期性禁食相关的研究都是基于隔天禁食，但频率更低的禁食法也是有效的。我们的做法是这样的——罗斯每周连续60小时不进食，我则每周连续36小时不进食，只喝水，或者偶尔喝浓缩咖啡。一开始这看起来根本不可能，但我们向你保证，一旦习惯以后，日常活动完全不会受影响。事实上，禁食期间，我们每天仍然可以跑步6英里，只是不要求自己达到最高配速了。最重要的建议是什么？远离食物的香味。不过，完全避开香味是不可能的，比如最近，罗斯坚持禁食48小时，而此时我正坐在他面前对着牛排大快朵颐，结果他破戒了，喝了蓝莓奶昔，吃了三文鱼和蒸羽衣甘蓝。

闻一闻迷迭香或薄荷

莎士比亚笔下的奥菲莉亚对莱尔特斯说："迷迭香可以帮助回忆，亲爱的，请你牢记在心！"迷迭香具有增强记忆力的特性，古希腊人非常喜爱这种植物，学者会戴着迷迭香花环参加考试，以帮助他牢记知识点。如今,英国心理学家马克·莫斯(Mark Moss)的研究进一步表明,迷迭香不仅可以用作烹饪时的香料,它对工作记忆也大有裨益。

2003年莫斯开展了一项气味实验,他将参与者随机分为三组:迷迭香组、薰衣草组和对照组。参与者并不知道自己接下来会闻到精油的气味。三组参与者都在单人的测试间里接受了一系列认知测验,其中包括工作记忆测验。在迷迭香组和薰衣草组进入测试间前5分钟,研究人员在实验设备中滴入4滴纯净精油,让香气散发出来,设备放在参与者看不见的地方。

在工作记忆任务中,参与者会看到5个数字,每秒出现一个数字。接下来,他们会看到30个不同的数字,根据这些数字是否在之前的5个数字中出现过,回答"是"或"否"。这一测试进行了三次,每次的数字各不相同。

莫斯发现,迷迭香组的参与者比对照组测试表现更好,而薰衣草组的测试表现则不升反降。他认为,这说明迷迭香对工作记忆具有提升作用,而薰衣草产生了抑制作用。

为什么气味会对工作记忆产生影响?其原理是鼻子或肺中的黏膜会吸收芳香中的活性化合物,这些化合物体积很小,可以穿过血脑屏障,影响大脑活动。乙酰胆碱是一种非常重要的神经递质,对维持注意力起着关键作用。莫斯推测,吸入迷迭香的气味可以抑制乙酰胆碱分解,从而有利于更长时间集中注意力。

他还在另一项研究中用相同的方法对比了依兰精油和薄荷精油对工作记忆的影响,结果显示薄荷组的参与者工作记忆得分高于依兰组。

所以，当你需要集中注意力，却感觉疲惫或思维迟钝时，可以在纸巾上滴一点迷迭香精油或薄荷精油放在身边（但不要直接抹在皮肤上）。

咖啡因、糖果和鸡尾酒——吃还是不吃？

咖啡因的风评似乎两极分化很严重。一方面它有助于提神醒脑，另一方面却又会造成高胆固醇。酒精也是一样——今天人们还在鼓吹饮酒有益健康，明天又把它当作痴呆症的罪魁祸首。糖分的处境同样艰难，有人将它捧上神坛，有人则称它为甜蜜的毒药。事实究竟如何呢？这些食物会影响工作记忆吗？如果会，又是因为什么原理呢？

➲ 来杯咖啡吗？

咖啡是高负荷程序员的续命饮料，是18世纪咖啡馆文化的助燃剂，是需要同时应付两个孩子、全职工作、截稿日期迫在眉睫的夫妻作家的救命稻草。罗斯跟我都爱喝咖啡。罗斯甚至打算花4000美元购买一台精密瑞士Cremina浓缩咖啡机，这可占我们预付稿酬的很大一部分。好在最终我保持了头脑清醒，阻止了这笔消费。为什么咖啡这么受人喜爱？除了迷人的香味和浓郁的风味外，一杯手冲咖啡还可以活跃思维，让我们保持对生活的积极态度（详见第三章最后的工作记忆练习）。

除此之外，我们切身的经验，以及几百年来的理论知识都告诉我们咖啡有颇多益处。但最近的一项研究表明，咖啡因并非对工作记忆绝对有益。如果一项任务只需要调动少量的工作记忆，那么咖啡因确实可以改善大脑表现；但是如果这项任务对工作记忆要求较高，那么咖啡因不仅不能像人们期待的那样振奋精神，反而会产生负面影响。工作记忆负荷重说明在焦虑和压力下大脑已经过度兴奋，此时摄入咖啡因只会雪上加霜、适得其反。

可以喝咖啡吗？可以，但只在工作不繁重的时候才有用。

这对普通人而言意味着什么呢？如果对手头的工作比较熟悉，只需要粗略加工信息，比如对新的听众演讲，需要简单调整现有讲稿，这种情况下咖啡因有助于大脑完成工作。但如果这次演讲意义重大，比如对你未来的职业发展起到决定性作用，那么完成工作前就请不要喝咖啡了。

⤳ 来杯夜酒吗？

很难说酒精摄入对工作记忆会产生什么影响。研究显示，酗酒会导致工作记忆萎缩，这几乎是板上钉钉的事实。但如果是小酌一杯，结论就没有这么非黑即白了，不同学者的研究得出了不同的结果，有些发现会对工作记忆带来伤害，而有些则显示没有任何影响。

密苏里大学的斯科特·索尔特（Scott Saults）和尼尔森·考恩（Nelson Cowan）试图寻找不同结果背后的原因。他们招募了身体健康、适度饮酒的参与者，确保他们没有因为滥用药物接受治疗或与酒精相关的犯罪经历。他们给一组参与者提供了伏特加汤力水，而另一组参与者拿到的只是没有酒精含量的安慰剂（高度稀释的汤力水），然后要求他们完成两种不同类型的工作记忆任务，一种会同时显示所有信息，另一种则逐条显示信息。

研究人员发现，当信息逐条显示时，饮酒削弱了任务表现；但在一次性显示所有信息的任务中，饮酒则对任务表现没有负面影响。索尔特和考恩认为，酒精会使人变得短视，多线程工作的能力降低，也就是说，当我们需要关注两个或以上不同任务时，集中注意力就会变得困难。因此，如果我们在完成一个信息不全，需要我们保持大脑活跃，不断对记忆内容进行更新的任务，那么伏特加汤力水就无济于事了。

可以喝酒吗？可以，但如果需要多线程工作，还是克制一下吧。

如果有重要的多线程任务需要处理，最好不要喝酒。但是请放心，目前的研究显示，适度饮酒不会损害工作记忆。我们认为，如果想要喝酒，最佳选择是类黄酮含量高的红酒、黑莓酒和蓝莓酒。好东西也得有个度，饮酒还是少量或适度为宜。另外，无论喝什么酒，都请不要开车。

是蜜糖还是砒霜？

糖分的名声总是不太好，但称之为"毒药"可能有点过了。没有糖，人们根本无法思考。大脑运转离不开葡萄糖（一种碳水化合物），并且思考得越多，消耗的糖分就越多。事实上，近期一项关于葡萄糖作用的研究综述显示，增加糖分摄入后，工作记忆也会得到提高。英国心理学家迈克尔·史密斯（Michael Smith）发表的研究报告称，摄入含糖物质（而不是阿斯巴甜这样的糖类替代品）可以有效增强工作记忆，但是只有当任务难度较高时才会有效果。如果任务很简单，葡萄糖不会提升工作记忆。相比简单的任务，困难的任务会更迅速地耗尽大脑的葡萄糖供应。因此，快速提升糖分含量有利于工作记忆能力达到最佳水平。

但这并不意味着我们可以肆无忌惮地吃糖。过量的糖分对身体健康危害巨大,并且甜甜圈等甜品垃圾食物往往伴随着反式脂肪这样的健康克星。

可以吃糖吗?可以,但不要过度。大多数人日常摄入的葡萄糖已经足够,而很多人的摄入量已经过度了(比如 2 型糖尿病患者)。如果希望通过吃糖来缓解精神不振,请先咨询医生。获取葡萄糖的途径有很多,比如土豆等淀粉类食品,哈密瓜、西瓜等水果,以及葡萄糖含片。若是通过食物来摄取葡萄糖,则需要一点时间,因为人体需要对其进行消化,才能供大脑使用。

精神不振时,可以选择健康的含糖食物,比如葡萄干、蓝莓干等干果。同时别忘了控制摄入量。

第十一章

七个工作记忆强化方法，以及需要避免的坏习惯

除了思维训练和正确饮食，一些日常生活中的良好习惯也可以有效提升工作记忆。我们强烈建议你每天保持以下习惯，看看这些是否让你的工作记忆得到了强化。

习惯一：良好的睡眠

当我们酣然入睡时，工作记忆正在充电，就像夜里给手机充电一样。如果忘记充电，手机就没法开机。同样的道理，工作记忆也可能在你最需要它的时刻宕机。为了避免这种意外，我们需要保持充足的睡眠。大量有关睡眠与工作记忆的研究表明，不论年龄，睡眠不足都会妨碍工作记忆指挥官的正常运作。

不同年龄段睡眠时间表

年龄段	时长（小时）
婴儿（1—3岁）	12—14
学龄前儿童（3—5岁）	11—13
儿童（5—12岁）	10—11
青少年	8.5—9.25
成年人	7—9
老年人	7—9

儿童

年幼的儿童需要足够的睡眠来促进工作记忆的发育，因此，睡眠尤为重要。据说，大脑成熟的过程大多在睡眠期间发生。另有研究表明，如果孩子无法获得足够的睡眠，工作记忆就会付出相应的代价，学业表现也会受到影响。

青少年

相比儿童，青少年的大脑能够更好地应对睡眠不足，以保持工作记忆的正常运转。布朗大学的玛丽·卡斯卡登（Mary Carskadon）发现，青少年能在只睡4个小时的情况下成功完成一项工作记忆任务。但是，对于难度更高的任务，睡眠不足就会影响他们的发挥，尤其是通宵之后。

如果你有一个十多岁的孩子，那你一定了解敦促他们就寝与起床的痛苦。这并非意味着孩子们懒惰或是故意与你为难。研究发现，刚步入青春期的孩子会经历一个入睡时间、起床时间推迟约两个小时的阶段。由于身体需求发生变化，他们晚上会推迟入睡，早上则需要推迟起床。他们所需的睡眠总时长并没有变化，但睡眠的时间段发生了变化。

如果你还是认为自己的孩子早上是在故意赖床，那就看看最近的这项研究吧：罗得岛孩之宝儿童医院的朱迪思·欧文斯（Judith Owens）团队与一所高中合作开展了一项实验。他们推迟早课开始的时间，让学生早上多睡一会儿。结果如何？效果非常显著！学生们思维更加敏捷，还说自己情绪更加稳定了。他们的心理健康也得到了改善——抑郁人数有所减少，逃学的问题也得到缓解。校方和学生们一致认为这项实验非常成功，并且永久性地推迟了早课开始的时间。所以，当你下次为叫醒孩子起床犯难时，别忘了他们晚睡晚起的睡眠方式其实是在为工作记忆充电。

成年人

工作记忆最重要的功能之一就是快速提取存储在海马体（即大脑图书馆）中的信息，而睡眠是工作记忆与海马体之间链条上的关键环节。如果你想将某个信息牢牢印在海马体中，睡一觉就行——真的。圣母大学的杰西卡·佩恩（Jessica Payne）在2012年进行的一项研究表明，好的睡眠可以巩固我们学到的内容。她的研究团队要求两组参与者分别在早上或晚上记忆成对的单词，12个小时后进行测试。第一组参与者在晚上学习单词，然后入睡，第二天早上接受测试；第二组参与者在早上学习单词，晚上进行测试。结果显示前者的记忆效果更好。更有趣的是，24小时后，当所有参与者都经过睡眠并醒来后，在晚上学习的第一组参与者记忆效果有进一步的提升。佩恩认为，睡眠可以巩固我们存储在记忆中的信息，使记忆更加牢固。

睡眠不足，尤其连续通宵不睡，对工作记忆有百害而无一利。《睡眠》期刊上一篇关于睡眠剥夺与认知功能关系的研究综述表明，在长期睡眠剥夺下，大脑即使在执行最简单的认知任务时，也会出现差错——比如在连续几天失眠之后，明明站在家门前却掏出了车钥匙，或是扣错衬衫纽扣。不过，这篇综述还揭示了一个惊人的发现，在睡眠剥夺后，有些人难以完成最简单的任务，却仍然可以调动工作记忆，完成较为复杂的任务。这是什么原因呢？

睡眠不足时，大脑会进入自我保护模式，并关闭一些基本的认知机制。华盛顿大学的睡眠研究者保罗·惠特尼（Paul Whitney）认为，疲劳时工作记忆会介入，对这些运行不畅的基本加工过程进行补偿，以帮助我们执行较为复杂的任务。

但这并不代表我们可以不顾工作记忆，肆意开夜车。2010年，莉萨·楚（Lisa Chuah）同杜克—新加坡国立大学医学院的团队合作研究发现，工作记忆的补偿能力是有限的。他们要求参与者完成一项工作记忆任务，在一系列照片中，忽视其中表现负面情绪的干扰照片（比如被拳打或抢劫），记忆其余照片。参与者们分别在休息充足和睡眠不足的两种条件下进行这项测试，结果显示，他们在充足的休息后可以更好地运用工作记忆来记住正确的照片，忽略干扰照片；而在睡眠剥夺状态下，完成任务就变得困难。在现实生活中，这意味着如果睡眠不足，工作记忆指挥官将难以帮助我们专心完成该做的事情。

测试中，研究人员分别对休息充分和睡眠剥夺两种条件下的大脑进行扫描，并对比其脑成像结果。结果发现，当负面情绪图片出现时，睡眠不足的参与者杏仁核活动增加，而前额叶皮层活动减少。不仅如此，当注意力被这些图片分散的时候，这两块脑区之间的互动也减少了。这说明，睡眠不足不仅让我们更容易做出情绪化的反应，而且减弱了工作记忆指挥官控制情绪的能力。你也许有过这样的体验：如果头天加班至凌晨，第二天又需要处理高难度的问题，或是应对压力情境，你会很容易崩溃。原因就在于上文提到的脑部活动的变化。如果你感觉自己容易情绪失控，那就在夜间关掉电脑与电视，用睡眠这剂良药来舒缓你紧张的神经吧。

老年人

人们普遍认为步入老年后就不需要像中年时那么久的睡眠了——但事实并非如此，7—9个小时的休息时间仍然是必要的，只是老年人更难以进入并保持睡眠状态，导致睡眠时长往往不够。好在有研究表明，睡眠不足对老年人的大脑没有明显伤害。一项研究对比了睡眠不足对年轻人和老年人工作记忆的影响程度，发现相比年轻人，老年人的工作记忆更容易恢复。相比睡眠充足的状态，在睡眠不足状态下，年龄在19—38岁的参与者在工作记忆任务中的表现变差了，但59岁以上参与者的表现却与平常无异。首席研究员肖恩·德拉蒙德（Sean Drummond）认为，身体健康的老年人韧性更好，不容易受睡眠不足等压力因素的影响。

睡眠质量与睡眠时长

大部分有关睡眠以及睡眠影响工作记忆的讨论都把重点落在睡眠时长上，但对于工作记忆而言，睡眠质量也非常重要。芬兰赫尔辛基大学埃娃·阿罗宁（Eeva Aronen）的团队以6—13岁的孩子为对象进行了为期3天的研究，测量他们的睡眠时长和质量，包括轻度睡眠和深度睡眠。

研究人员为参与者在手腕上佩戴了传感器，每分钟记录一次运动情况，用于衡量睡眠质量。除了记录自己的睡眠情况，学生们还完成了工作记忆语言测试和图像测试。阿罗宁团队发现，进入深度睡眠状态所需时间更久、保持时间更短的参与者，在工作记忆任务中犯的错误也更多。

养成更好的睡眠习惯

需要强调的是，良好的睡眠带给工作记忆的好处要远远高于不分昼夜地努力工作。我们应当更重视睡眠，争取保持7—9小时的高质量睡眠。以下是一些技巧。

·建立睡眠时间表，每周7天遵照执行。像计划会议一样规划睡眠时间，穿好睡衣、洗脸刷牙，准备就绪，准时睡觉。

·睡前一个小时，关掉电视。

·睡前一个小时，停止使用电脑、手机、平板和游戏机。

·卧室里任何带有照明功能的设备都要关掉。

·晚餐后不要摄入咖啡和酒精。咖啡会扰乱睡眠，而酒精会妨碍深度睡眠，导致工作记忆无法恢复。

习惯二：清理居住空间有助于清理工作记忆

我们住在苏格兰爱丁堡时，拥有一套两居室维多利亚式公寓，爱丁堡全城景色尽纳眼底，包括一座中世纪城堡，夜晚在灯光的映衬下美轮美奂。

有时，夕阳西下的金色余晖映在其他建筑物的窗户上，整个城市仿佛化身埃尔多拉多①。然而，宜人的室外景观背后是逼仄的室内空间。各种小摆件挤在架子上，形状各异的烹饪工具快要从厨房抽屉中漫出，堆成小山的书本几乎要山体滑坡。壁橱里放满了杂物，想要的东西总是藏在最里面。有一次，罗斯为了从壁橱里翻出行李箱差点得了疝气，只能去看急诊。

更糟糕的是，乱七八糟的房间影响到了我们的生活。大儿子因为卧室狭小的空间变得脾气暴躁；我们俩都有重要文件消失在了杂物堆中，当然，我们都认为这是对方的错。

我们迫不及待地想要换个大房子，但房地产经纪人环顾一圈后告诉我们，除非我们清理走大部分东西，否则这套维多利亚式公寓根本卖不出去。于是我们做了一次大扫除。出于生活必须考虑，我们只留下了自己一直使用的东西。这有两个好处：第一，现在我们有空间活动了；第二，我们需要用某样东西的时候，立刻就知道去哪里找它。一开始，我们以为自己会舍不得这些东西；但恰恰相反，我们如释重负，不仅心情变好了，家庭关系也更和睦了。摆脱了这些杂物，每个人相处起来都更舒服。我们发现，空间增加后，我们

---

① 黄金国度，一个传说中的富饶之地，据说遍地黄金。

在做诸如做饭、付账单、计划旅行，以及为撰写本书做研究等需要使用工作记忆的事情时效率也更高了。

我们不由得开始思考混乱与工作记忆之间的关系。这一主题的科学研究很少，但是基于我们对工作记忆的了解，以及自己的亲身经历，我们相信，生活和工作空间越是杂乱，工作记忆的消耗就越大。如果寻找文件就耗费了全部的工作记忆——"亲爱的，那张写着账户信息的纸放在哪里了？""我不知道。你没有收起来吗？"——那你的大脑就没有足够的空间用来处理任务本身了。

我们建议，如果想要提高工作效率，请尽量减少书籍、文件夹、钢笔和写满草稿的笔记。这既能节省物理空间，也能节省大脑空间。这也同样适用于处理电脑文件——如果文件随机散落在各个文件夹里，光是找到所需要的那份就要花费不少精力，占用许多时间。很多时候，我们在电脑中寻找某份文件，但不知不觉就被别的文件吸引，而忘了手头的任务。一个小时后，我们就会发现自己什么也没有完成。

学会断舍离

以下建议可以让你远离混乱堆积。

·购买新东西前必须扔掉、捐赠或以其他方式处理已经拥有的东西。想买一双新鞋？把旧鞋扔掉。

·做出"去还是留"的抉择。根据房间的混乱程度，每周或每月一次对家中的十个"宝藏"进行评估，问问自己是否真的喜欢它们。如果答案是否定的，那就扔了吧。日常物品也一样，如果最近30天都没有使用过，就把它丢掉。

・每天花几分钟（真的只需要几分钟）清理一下这一天的东西。这一点也适用于电脑文件，把电子邮件分类到文件夹或垃圾箱中，或者直接删除。

如今，整理与收纳已成为一个巨大的商机。各类售卖收纳产品的大卖场（比如康泰纳商店）在全国遍地开花。美国专业收纳家协会拥有4000多名"整理专家"会员。随便在网上搜索，就能发现各色博客（ClutterDietBlog，CleaningUpTheClutter，Unclutterer）、书籍（《拒绝杂乱：整理家居，掌控生活》《一周之内整理生活》），以及其他相关内容。整个整理行业每年市场规模预计接近10亿美元。所以如果你觉得自己无从下手，有很多途径可以获得指导。

习惯三：在大自然中运动！

我们之前介绍过，跑步（尤其是赤脚跑步）对于激发工作记忆有惊人的效果。但这当然不是唯一一种可以增强工作记忆的运动。接下来我们将介绍另一种革命性的锻炼方法，可以让身体按照天然的模式运动：MovNat。

MovNat需要你走近自然（这本身就可以有效增强工作记忆了）让身体自然、高效地运动。这是最原初的锻炼方式，就像我们的史前祖先那样，每天在随机而自然的环境中为了生存而跳跃、奔跑、攀爬、投掷、爬行和保持平衡。

其原理就是在随机的、不可测的环境中行走或奔跑——在树枝上、灌木丛下、树上或是巨石边——这就是MovNat。有越来越多的人相信，这种运动比任何健身房锻炼都更有益。MovNat的创始人埃尔万·勒·科雷（Erwan Le Corre）将健身房比作动物园，而里面的健身人群就像一群动物，他认为这种非自然的环境完全不适合人类的天性。健身房里的人们就像笼中的狮子、碗里的鱼、隔着护城河眼巴巴望着对面的人吃热狗的饥肠辘辘的熊。

我们想知道，释放人类的动物天性后，工作记忆会受到什么影响。于是罗斯加入了一个MovNat小组，与他们一起在公园锻炼。在7个小时里，他学会了像猫一样在栏杆上保持平衡、走路、爬；在地上爬行、滚动、背负重物；像体操运动员一样在栏杆上旋转，还有爬杆。他的身体得到了充分的锻炼。这么说吧，上一次他的双脚这么酸痛，还是他一次性跑了33英里的时候。在做MovNat的过程中，无论何时，他都得全神贯注于自己的身体，精确计算应该如何控制身体。因为一旦分神，就会跌落。

在MovNat小组锻炼开始之前，罗斯对所有参与者进行了倒序记忆数字的工作记忆测试。这些18—49岁的参与者平均可以成功倒序记住大约4个数字。经过半天的锻炼，罗斯在午餐时间再次对他们进行了测试。这次，他们可以倒序记住5个数字。而一天结束时再次测试，尽管他们经过长时间训练后疲倦又狼狈，但此时他们反而可以倒序记住6个数字，比早上多出50%。

解放体内的野性

在MovNat运动中，罗斯明白的第一件事就是完成这些动作的能力原本就深潜于我们的体内，只不过需要被重新激活而已。下面是罗斯激活的几个动作。

专注当下：这点很简单，把注意力集中在自己身体的动作与运动上即可。尝试将身体贴近地面，闭上眼睛，做平时不常做的动作，专心感受身体有什么不一样的感觉。

平衡：平衡是一个过程，在MovNat中，我们身处不可控的环境中，"保持平衡就是一个不断的失去平衡又重获平衡的过程"。为了学会平衡，我们必须经历失衡的状态，学习平衡不能着急，需要耐心。可以从道路边缘开始，慢慢过渡到更大的难度，比如在栏杆上保持平衡。

行走：这项锻炼的危险系数并不大。可以尝试另辟蹊径，在木桩上行走，蹲伏前行，或是侧身移动。关键要点就是：不走寻常路。

爬行：完成这项训练需要全身心投入。肚子着地，膝盖着地，膝盖离地爬行都可以。

以上这些运动技巧，以及攀爬、跑步、跳跃、投掷、抓取等其他运动，都有助于提升工作记忆。初学者可以在movnat.com上了解更多关于MovNat的信息，并学习这些动作。

习惯四：发挥创造力

最近，我在哥本哈根参加了一场工作记忆主题会议，会议晚宴上他们讨论了创造力与工作记忆的关系。一名美术老师分享了她的经验。她给学生们提供了红、绿、白三种颜料，要求他们画一幅海边风景画。很快就有一个聪明的学生泰勒，上前来问她要蓝色颜料。

她说："没有蓝色，我画不了大海。"老师点头表示理解，但回答："没错，但是你只有三种颜色，想办法用它们作画吧。"泰勒在老师这里争取了几次无果后，沮丧地回到了自己的座位。但很快，她用这三种颜色巧妙地画出了一幅美丽的海景画。这个老师明白，限制学生的条件，反而能够激发他们最大的创造力。同样，有限的条件也可以激发工作记忆指挥官的创造力。

这一发现得益于奥地利格拉茨大学的安德里亚斯·芬克（Andreas Fink）进行的研究。他要求参与者创造性地解决一些问题，比如发现日常物品的非常规用途，比如把易拉罐用作镜子。与此同时，芬克对参与者进行了脑部扫描。扫描结果显示，当他们发现这些物品的创造性用途时，与工作记忆相关的脑区被明显激活了。

化身百战天龙马盖先（MacGyver[①]）

记得马盖先吗？就是那个可以将食盐和糖果棒变成炸弹，把藤椅和胸罩改造为悬挂式滑翔机的电视剧角色。保持工作记忆水平的一种方法就是定期放飞身体里的马盖先。选取一个日常物品，运用工作记忆想出至少三种非常规的用途。比如叉子可以做成鱼钩、油漆刮刀或果酱罐开罐器。再试试旧葡萄酒瓶、绳子、订书机或其他任何常见的物品。当然，不是说真的要像马盖先一样，只要想象一下就好——这样也更安全。（罗斯与一个朋友合作，用水管、氢气和一个牛奶盒组装了一个马铃薯发射器。糟糕的是他们忘记将零件粘在

---

① MacGyver（百战天龙）是一部美剧，剧中的主人公从不带武器，而专靠创造性地利用身边的物品来解决问题。——译者注

一起了，结果发射土豆的时候这个装置爆炸了。)

习惯五：随手涂鸦

有没有过上课或开会时涂鸦被抓的经历？没什么大不了的，这也许能帮助你更好地理解当时的信息呢。在理解新信息（如预测增长趋势）时，我们需要运用工作记忆。但在冗长的课堂或会议中，工作记忆会疲劳。尤其当内容很无聊的时候，即使信息非常重要，我们也容易走神，无法记住听到了什么。但是最新研究表明，涂鸦可以调动工作记忆，从而帮助我们更有效地记忆信息。

英国心理学家杰基·安德拉德（Jackie Andrade）给实验参与者播放了一段无聊的谈话，并告诉他们不必记住任何信息。参与者中有一半人被要求同时进行涂鸦，另一半则不用。录音结束后，安德拉德出其不意地要求参与者们复述录音提到的人名和地名。结果，相比对照组，涂鸦组参与者记住了更多的人名和地名。

涂鸦的功效也许在于它能阻止工作记忆进入游离状态。涂鸦时，工作记忆保持在最低程度的"唤醒"状态，因此我们仍能保持注意力，而非胡思乱想。同时，涂鸦不需要太多的注意力，不会占用太多的工作记忆资源，因此我们在涂鸦的同时仍然可以专注于手头的工作。

边涂鸦边工作

如果你希望提高会议信息的传达效果，请确保每个人都有纸和笔，鼓励他们在其他人讲话时涂鸦。尽管这看起来不太礼貌，但是可以有效提高会议效率，而且只需花费几张纸。同样的，在会议、讲座或课堂上打瞌睡时，也建议你拿起纸笔开始涂鸦。

习惯六：使用脸书

脸书无处不在。即使你没有脸书账户（比如罗斯就没有），你身边也一定有人在使用（比如我就在使用）。任何事物发展到一定规模，就会受到诋毁，脸书也不例外。一项研究表明，戒脸书比戒烟更难。这的确有可能。但如果适度使用脸书，可能对我们的工作记忆有益。

在第七章中，我们提到过青少年的脸书注册时长与其工作记忆水平呈正相关。在2012年的另一项研究中，我们采访了将近300名成年人，统计他们在脸书上进行各类活动的频率，包括更新状态、查看好友状态更新、在线聊天等。我们发现，频繁查看好友状态更新的人工作记忆分数相对更高。这也不难理解，这个过程需要动用工作记忆，删除海马体中存储的这个好友先前的状态，并将其替换为新状态。当然，这一功效并不仅限于脸书。与朋友电话沟通了解近况时，大脑也同样会用到工作记忆。

记得和朋友保持联系

只要没有过度沉溺于脸书，定期查看好友最新状态是有好处的。如果你没有脸书账户，也不想注册，也非常建议你定期与他人联系。

习惯七：户外运动

如果你感觉疲惫迟钝，那就去户外运动吧。哦，不，我的意思不是说你得整理行装驱车前往最近的国家公园度假。只要去户外找片小树林或是草地就行，因为与大自然接触可以为工作记忆充电。马克·伯曼（Marc Berman）团队在2008年进行了一项实验，发现大自然对工作记忆有积极作用。他们邀请了38名参与者来到实验室，对他们进行了半小时的认知测试，其中包括倒序记数的工作记忆测试。研究人员还要求他们对一系列形容词按照与自己心情的契合程度进行打分，比如兴奋、热情和害羞等，来测试他们的情绪。随后，研究人员将参与者分为两组，要求每组参与者完成一个小时的散步。一组去公园，另一组则去市中心。公园人行道旁绿树成荫，远离车辆与人群；市区则是交通繁忙的街道，两旁都是建筑物。参与者散步回来后，研究人员重新对他们的工作记忆与情绪进行测试。一周后，所有参加者重新回到实验室，再次完成相同的程序，测试、散步、测试。与上次不同的是，这一次两组参与者对换了散步场地，上周在公园散步的这周换成市中心散步，反之亦然。

研究人员发现，在公园散步后，参与者的工作记忆得分提高了近20%，而市中心散步则只带来5%的改善。他们认为，接触大自然可以有效恢复工作记忆，即使只是短暂停留，也有所裨益。

出门，去亲近大自然

如果你需要提神醒脑，快速提升工作记忆，那就出门去附近的公园散个步吧。那些正在备战重要考试、准备重要演讲或是需要解决工作中某个棘手问题的朋友们，别忘了这个行之有效的方法。

坏习惯对工作记忆是否有害？

抽烟、吸毒的种种危害人尽皆知，但是这些坏习惯对工作记忆具体有什么影响呢？

➲ 尼古丁会杀死我们的工作记忆吗？

2010年，斯蒂芬·J.海斯曼（Stephen J. Heishman）和马里兰州国家药物滥用研究所的研究团队合作，对大量有关尼古丁与工作记忆关系的研究进行了分析，包括近50篇关于尼古丁对认知技能的影响的论文。这些研究的发表时间从1994年到2008年不等，比较了不吸烟者（包括从未吸烟和已戒烟）与吸烟者的认知表现。大多数研究使用了n-back任务来测试工作记忆。这些研究揭示了一个清晰的规律：不吸烟者服用含有尼古丁的口香糖，使用尼古丁贴片或鼻腔喷雾时，尼古丁的大量摄入没有损害他们的工作记忆表现，但值得注意的是，他们的工作记忆也没有得到改善。不过，研究还揭示了更多信息。

研究人员研究了参与者在工作记忆任务中的反应速度，发现在摄入尼古丁后，无论是吸烟者还是不吸烟者反应都快了很多。不仅是含尼古丁的口香糖、贴片和喷雾会起作用，抽烟本身也有提升反应速度的效果。不过，先别急着向学校董事会提议在午餐时免费发放尼古丁贴片——研究人员推测，尼古丁并没有改善工作记忆，而只是改善了运动技能。换言之，我们反应更快是因为手指动作更快了，而不是工作记忆增强了。

▶ 打破大麻幻想

纽约州精神病学研究所的卡尔·哈特（Carl Hart）在2001年发表的一篇报告称，每周平均抽24支大麻的参与者在工作记忆测试中的表现完全正常。这一结论让大麻爱好者们大为振奋。但别急着高兴，故事还没有结束。

加州大学的阿莱西亚·施韦因斯堡（Alecia Schweinsburg）招募了一批大麻和酒精成瘾的青少年，比较其与普通青少年的工作记忆任务表现，结果与哈特的研究结果一样，两组参与者表现非常接近。研究人员在参与者完成工作记忆任务的同时对他们的大脑进行了扫描，得到了有趣的发现：在任务完成表现相当的情况下，大麻吸食者需要耗费更多的精力，他们的前额叶皮层需要超负荷运作才能取得同样的结果。此外，与对照组相比，大麻吸食者的前扣带皮层——负责监控信息的脑区——激活程度更低。研究人员认为，大麻吸食者的前额叶皮层之所以需要超负荷运作，是因为需要补偿前扣带皮层的活跃度不足。因此我们推测，如果提高测试对注意力的要求，他们应该无法调用足够的认知资源来有效完成任务。

▶ 鸦片：增强心智，还是毁灭工作记忆？

传言塞缪尔·泰勒·柯勒律治通过吸食鸦片创作了《忽必烈汗》等创意斐然的诗歌。但是，哈佛大学医学院的一个研究小组调查了鸦片对大脑的影响，对比了鸦片长期使用者与普通人的大脑容量，发现前者前额叶皮层的灰质密度更低。

剑桥大学科学家们的进一步研究阐明了鸦片对工作记忆的影响。他们请鸦片使用者和普通人同时完成一系列需要调动工作记忆的认知任务，结果发现前者在做决策时更容易冲动，在需要辨别以及规划策略的任务中表现也不佳。研究人员称，鸦片使用者表现出"明显的神经心理障碍"。

工作记忆"兴奋剂"

到目前为止，我们已经介绍了许多有助于长期提高工作记忆的练习、饮食，以及日常习惯。但是，如果马上就有一场大型考试（MCAT、GRE、GMAT、律师资格考试、医师执照考试，等等）等着你，怎么办？关键时刻，有什么办法可以迅速提升工作记忆吗？以下建议可供参考。

➡ **考前几周与考试前夜备考指南**
- 考前应尽量避免反式脂肪食物，可以食用三文鱼，配大量香菜。
- 考试前一晚不要吃披萨。
- 提前一周广而告之"暂时停业"，以便专心学习。
- 考试前一周每晚至少睡7—9个小时。
- 清理书包，考试前一晚准备好所有物品，弄清楚每件物品在哪里。

➡ **考试当天**
- 做些户外活动。
- 赤脚跑步。
- 闭上眼睛，单脚保持平衡。

·喝一杯绿茶（或咖啡）。

·吃一些新鲜的蓝莓和干果。

·用迷迭香或薄荷油提神。

·如果考试时一下子想不出答案，或者发现自己注意力无法集中，可以在纸上涂鸦，或者跟着脑中的节奏悄悄拍打自己的腿。

Part three 辑三
工作记忆的过去和未来

第十二章

打造工作记忆的乌托邦

就在前几天，罗斯开车送我们的大儿子上学，交通严重堵塞，他一边手忙脚乱地打开GPS寻找替代路线，一边还要应付后座儿子喋喋不休的提问——为什么天空是蓝色的？云从哪里来？为什么狗有尾巴，我们却没有？他抬起头，发现自己几乎撞上前面的车，赶紧猛踩刹车。他的工作记忆指挥官需要控制的东西太多了，让他无暇顾及与前面车辆的距离，差点发生车祸。回到家，他对我说："人类应该研发语音控制的汽车，我们只需说出需求，比如'暖气'或者'寻找去学校的替代路线'，它就会遵照执行。"如果这一想法成真，的确是解放工作记忆指挥官、预防事故的好方法。

几乎每天，我们的工作记忆指挥官都会因为各种杂事而不堪重负——计算税款、为家人选择健康险、屏蔽同事们讨论最新肥皂剧的喳喳声。要是我们有办法减少这些干扰，不是很棒吗？

认知设计的好处

如今,技术充斥着我们的生活。然而,各种系统的设计(建筑或交通)却似乎是在有意困扰我们的工作记忆,让我们无法平静地思考,让原本简单的路线变得复杂。在本章,我们将会设想一个能支持工作记忆顺畅运转的世界。

本章将探讨一个新的概念,我们给它取了一个名字——认知设计,也就是大脑的"风水"。认知设计的核心原理就是让结构设计满足工作记忆顺畅运转的需要(无论是宏观结构,如机场和道路,还是微观结构,如建筑、学校和家居)。其核心关注点是:"这个设计对我们的工作记忆有利还是有害?"想象一下,如果所有的土木工程师、城市规划师、建筑师、校长、教师、房屋拥有者在建设道路、建筑、教室和房屋时,都能照顾到我们的思维方式,世界将会怎样?我们将这个美好的世界叫作"工托邦"(工作记忆乌托邦),想象它未来的样子给我们带来了很多乐趣。

改善交通

我们曾经花费了整整一年时间,奔波于欧洲和亚洲各地,宣传工作记忆科学。所到的每个机场、火车站、地铁站都堪称混乱设计的典范。穿梭于这些交通枢纽,就如同行走在古迹遗址中。历史上各个时期的糟糕设计层层叠加,形成了如今这些让工作记忆超负荷运转,给人带来巨大压力的现代交通设施。

旅行中的压力来自路线选择:怎么走到那扇大门?要坐轻轨吗?

4号航站楼在哪里？毕竟，如果走错路线，就会错过航班、火车、大巴，然后你就会焦虑。所有这些因素叠加在一起，就成了工作记忆的巨大负担。

⊃ 便于工作记忆的设计改造

机场、火车站和地铁等交通枢纽的设计理念是尽量减少可选路线。简洁明了是这些场所的关键要求。岔路口、拐角、支线、站点、站台越少越好。想象一下，如果从机场停车场到值机柜台、通过安检再到登机口只需要走一条直线，会有多么方便。路线越直接，选择就越少。在"工托邦"，机场设计为花朵形状，正中间是一个圆盘，圆盘上部延伸出细长的通道，像花瓣一样散开，这些通道就是各个航站楼。与中央圆盘相连的是矩形的票务与行李托运区，就像花茎一样；而在最底部那个花盆状的区域就是停车场。

在这样的机场，从值机到登机的路径不超过两个岔路口，因此最多只需要做一次路线选择。

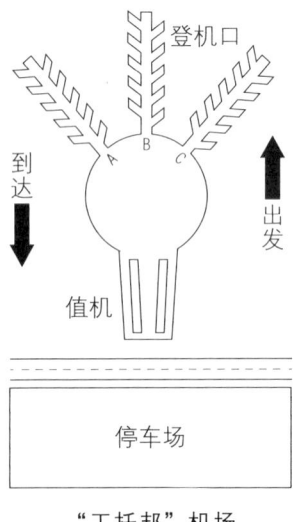

"工托邦"机场

城市规划

你有没有过这样的经历？你正赶着去某地，打个比方，圣马可路与飞利浦路交叉口，车上的GPS却开始提示马上没电，你得临时手动找路。我们就体验过这样令人焦躁的时刻。就在不久前的一个晚上，我们与朋友约了共进晚餐。餐馆所在区域我们不熟悉，车行半路，GPS没电了，我们却不知如何到达目的地。关键问题在于，大多数城市的街道名称完全是随机的，没有逻辑可言。比如，我们知道自己在圣马可路，但无法判断自己离飞利浦路有多远，也不知道是否在朝着正确的方向前进。直到飞利浦路的路牌从后视镜一闪而过，我们才意识到已经开过了目的地。

⇨ 便于工作记忆的设计改造

城市规划师会按数字顺序或字母顺序命名城市道路。事实上，在城市规划早期，这一命名方法很常见，在曼哈顿、芝加哥、华盛顿等许多美国建国之初的城市，大部分道路都是这样规划的。

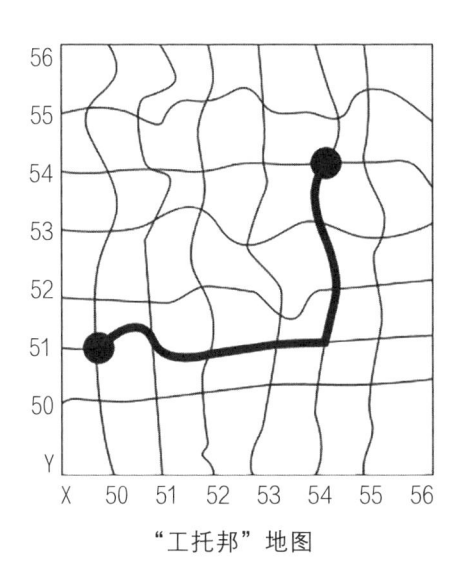

"工托邦"地图

在"工托邦",所有道路均处于一个坐标系中,沿着 x 轴和 y 轴展开,指路时只需要给出目标地点的坐标数字即可。比如 6 和 3 就可以表示某一路口的位置,第一个数字代表横坐标,第二个数字代表纵坐标。所以,如果我们位于 50 和 51 路口,要去 54 和 54 路口,我们马上就知道怎么走,只需要往前走四个街区,再拐弯走三个街区。

重新设计教室和教学方法

大部分美国学校的教室在视觉上都很错乱,各类物品纷然杂陈:架子上堆着五颜六色的书籍,墙上贴着各个国家的荧光地图、两英尺高的各色字母、各种旗帜、一行行的数字、各种节日装饰,等等。问题是,多数孩子的工作记忆最多只能同时处理两条信息。在教室铺天盖地的杂乱信息中,他们能注意到的也许只有其中一条,这就意味着他们的工作记忆能力已经被削弱了一半。

▶ 便于工作记忆的设计改造

遵循认知设计原则,学校应当尽量减少视觉干扰。在"工托邦",教室墙面上是没有任何东西的。当然,这只是理想状态。在现实世界,老师可能会最大程度减少墙上的物品,但不会将其彻底清除。

"工托邦"也提倡改变教学方式。提到重复学习、记忆学习、填鸭式学习,许多美国人可能会联想到 19 世纪的学校,这些早已成为教学的反面教材。教育者担心死记硬背会磨灭孩子们的学习热情,抹杀他们的创造力。但如果孩子们完全不具备基础知识,他们又能创造出什么呢?人们总是称颂莫扎特的天才禀赋与创造力,却无人提及他也曾花费无数个小时练习基础音阶与作曲理论。

事实上，对于三门基础科目——阅读、写作、算数，背诵是非常重要的。只有拥有足够的原材料，工作记忆指挥官才能发挥创造力。比如，学习字母表时，只有与老师反复跟读字母，孩子们才能积累语言基础。数学也是一样，背诵并默写1到100的数字，是解答数学题的基本功。

在"工托邦"的语言课上，学龄前儿童需要背诵字母表，在一年的课程中学会基本发音规则，不仅能够读，而且能够拼写基本读音。慢慢地，他们便可以运用工作记忆，根据语音拼写单词。举个例子，他们会先学习/sk/、/ip/、/in/、/sl/等音标，在此基础上，他们很快就能拼写skip、skin等单词了。孩子们还要掌握一系列词根。词根是组成单词的"基础构件"，理解了这些构件，他们就能运用工作记忆解码词语的意义了。

在数学课上，"工托邦"的学校会依据解题过程中大脑运行的顺序来安排教学步骤。这个顺序如下：首先，将题目信息存储在工作记忆中；然后存储于长期记忆中的数字被提取出来，用来识别题目中的数字；随后，这些数字被传送到顶叶内沟进行运算；最后，答案被传送回工作记忆。

工作记忆 12+2 ➡ 长期记忆 12, 2 ➡ 顶叶内沟 12+2=14 ＝ 工作记忆 14

简单加法

与此相对应，幼儿园孩子学习数学的第一步就是记忆数字，并将其存入长期记忆。未来的某一天，他们就可以按上文所提的程序解题了：将题目信息存储在工作记忆中，识别数字（长期记忆），在脑海中运算，得到正确答案，记住答案（工作记忆），记录答案。等年龄更大一些，他们还可以将解码算法存储在长期记忆中，从而更轻松地解答更复杂的题目。

阅读、写作、算术与体育

体育与三门基础科目同样重要。越来越多的研究表明，体育锻炼对认知大有裨益，甚至可以改善学业表现。尽管如此，美国许多学校仍然不断压缩体育课时间，让位于主科。疾控中心最新统计显示，只有不到4%的小学、不到8%的初中和略高于2%的高中能够保证每日的体育课时间。这有可能会损害工作记忆，体育运动的缺失意味着学生的工作记忆无法得到休息。最终，即便他们在课桌前坐再久，也不会有太高的效率。研究表明，维持工作记忆最佳状态的诀窍是，在同一任务上每次所花费的时间不超过15分钟。要不然，再多的努力也是效率低下的徒劳。2009年，《儿科学》杂志上发表的一项研究证实，每天休息15分钟以上可以有效提升儿童的学习、社交和健康状况。美国儿科学会也认为，自由玩耍对于认知健康、情绪健康和社交能力的发展至关重要。

在休息时间，孩子们最好把学习抛到脑后，多进行室外活动，为工作记忆充电。这也有助于他们学会快速转换注意力。然而这一理论没有得到人们的重视。自2001年起，20%的学校缩减了休息时间，平均每周缩减了50分钟。

◆ 便于工作记忆的设计改造

在"工托邦"，孩子们会有固定的休息时间，尤其是体育活动和室外玩耍的时间。

老师每次授课的时长保持在 15 分钟左右。每隔一段时间，孩子们会到户外进行短暂的休息。学校会增加体育课的时长，小学则会为孩子们提供更多的自由玩耍时间。

翻新办公室

你也许认为现代化的办公环境能让员工更轻松地完成工作。但事实上，包括一些巨头公司在内，许多公司的办公室环境可能反而在某种程度上加重了员工的工作记忆负担，降低了其工作效率和满意度，并最终导致了公司的利益损失。

来看看办公室的设计。大部分公司的办公场所都在四四方方的大楼中，宽敞的内部空间被桌椅和隔板占据。开放式办公室原本的设计理念是便于员工交流讨论，促进团队合作，但现实中往往成了安静办公的绊脚石——电话铃声、喧哗吵闹、键盘声、发呆时手中圆珠笔的"咔哒"声、复印机的"轰隆"声——所有声音交杂在一起干扰着工作记忆指挥官，损害我们的工作效率。

我们可以不客气地说，开放式办公环境带来的懒散与分心远比最新的热门电视剧要厉害。事实上，研究显示，在这样的办公环境下，员工认为自己的隐私没有得到保障，并且他们很难排除干扰集中精神，完成复杂的工作任务。当我们身处杂乱环境时，工作记忆无力过滤无关信息，因而也无法专注于手头的任务。

但解决方案也并非让每个员工拥有一个独立办公室。如果每个人都封闭在自己的空间，彼此之间就无法协作，也就少了许多碰撞出思想火花的机会。关键在于，在隐私与互动之间寻求平衡点。

除了办公室布局，其他因素也会影响员工工作。你知道吗？如果办公室温度过高，也会降低工作记忆水平；过度依赖书面文件，会导致文件堆积，关键时刻找不到所需材料，降低信息传递的效率。同时，纸质文件也会阻碍公司部门间的信息传输。当然，信息数字化也有它的问题：软件过于复杂，信息分享时常出错，回不完的邮件、接不完的电话。

休息时间理应让工作记忆得到清零和充电，但事实往往并非如此。如果员工只是待在电脑前面查看脸书，浏览新闻，或是用辛苦挣来的工资在网上购物，工作记忆并不能得到真正的休息。

➲ 便于工作记忆的设计改造

认知设计师更关注人们的内心需求，将办公室设计成有利于工作记忆顺畅运转的样子。开放式办公方便员工交流，这不无道理，我们的确需要专门用于合作讨论的公共区域。但隐私同样重要。如何解决这一矛盾呢？将封闭空间与开放区域结合在一起。但工位间的隔板是必须抛弃的，应当换成水泥墙壁。这样会计间的员工们就不必被迫听同事鲍勃吹嘘自己周末的奇闻逸事了。

办公室设计师还应当关注室内温度是否有助于工作记忆发挥出最佳水平。赫尔辛基工业大学的研究表明，在72华氏度（约22摄氏度）的环境中，员工能表现出最佳工作效率；而超过75华氏度（约24摄氏度）后，效率就开始呈下降趋势。

办公空间应当设置开放区域，供部分员工在其中讨论团队项目，与开放区域相连的是安装了推拉玻璃门的私人办公室。在"工托邦"

中，理想的办公空间是这样的：正中间是一个圆形的公共区域，公共区域四周有走廊延伸，走廊的另一端也是圆形的公共区域，围绕着圆圈如花蕾般排列的是办公室。

以上的分形建筑①是对工作记忆作为汇集各类认知技能的中心枢纽的模拟。

有些公司明白体育锻炼的重要性，在办公室边上设置健身房，提供跑步机等设备，或是组织员工参与瑜伽课。在"工托邦"中，我们尤其重视娱乐的重要性。公司会鼓励员工学习新运动、挑战自我，总的来说就是不要坐在电脑屏幕前一动不动，这样能极大地激发员工的创造力，毕竟有时候最佳的灵感是在跑步机或攀岩墙上产生的。

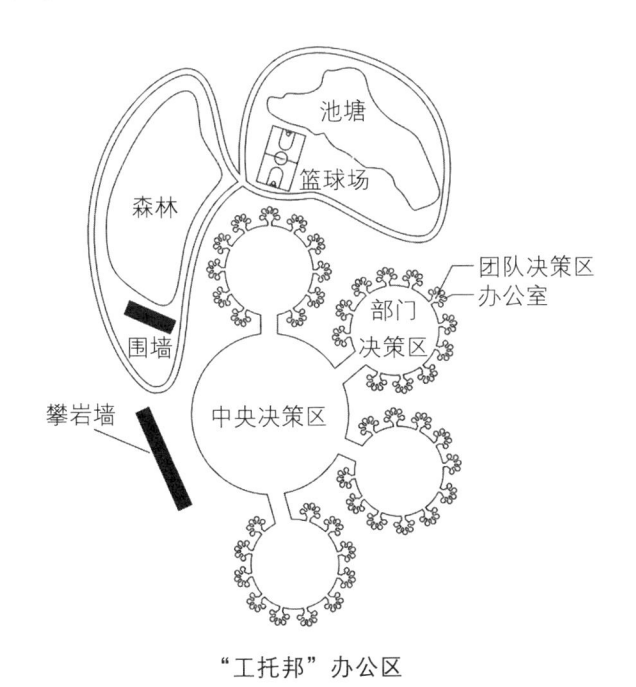

"工托邦"办公区

---

① 分形指的是一条曲线或一个图案，里面包含形状完全相同的更小的曲线或图案。——译者注

清理住宅

在社会中生存，我们学会了积累。许多人的车库里都堆满了一时冲动买下又不舍得丢弃的物品，挤得连车子都无处停放。在第十一章我们提到，环境中堆积的杂物越多，大脑的注意力越难以集中，焦虑水平也就越高。既然我们不使用这些东西，又何必留着呢？

断舍离之所以困难，或许是因为这意味着我们需要承认当初购买这件东西是一个错误。但如果你的房屋已经杂乱到可以成为收纳改造电视节目的被拍摄嘉宾，那么下决心清理自己的垃圾场吧。以下物品都可以归为"垃圾"行列：

1. 所有不需要使用的物品；
2. 咖啡桌、书桌、床头柜上堆着的几乎所有物品；
3. 妻子买来却不穿的衣服；
4. 孩子买来却不玩的玩具；
5. 车库里99%的杂物；
6. 但千万、绝对，不要扔掉你从二手书店淘来的心爱书籍。全套的1971版《牛津英语词典》绝对不是垃圾，尽管你可能只有在和家人玩拼字游戏、为某个词争得面红耳赤的时候才会用到。

➲ 便于工作记忆的设计改造

从认知设计角度改造自己的住宅，就要遵循简洁清爽的原则，最重要的是清除杂物。为此，房屋空间不应过大，从而激励自己更高效地利用已有空间。香港建筑师张智强以房屋利用率为设计原则，曾将一套344平方英尺的小公寓改造成24个房间！

推拉墙壁是该设计的关键，即同一时间住户只会使用房间的某一个功能。床可以折叠收起到墙上，厨房在电视机后面，而客人睡的床铺安装在浴缸上方。

微型公寓的价格远远低于普通住宅（空间当然也小了很多），是居住领域的新趋势。但微型空间之所以可行，关键在于高效的空间利用率：厨房小而实用，床铺在屋顶，供暖区域很小。没有空间堆积杂物，因此住户必须严格取舍自己的全部物品。

"工托邦"中住宅的设计与张智强的推拉门理念相似，同一时间只能使用房间的其中一个功能。但是我们借鉴升降舞台（即从舞台地面升起的平台），对推拉门进行了必要的调整。

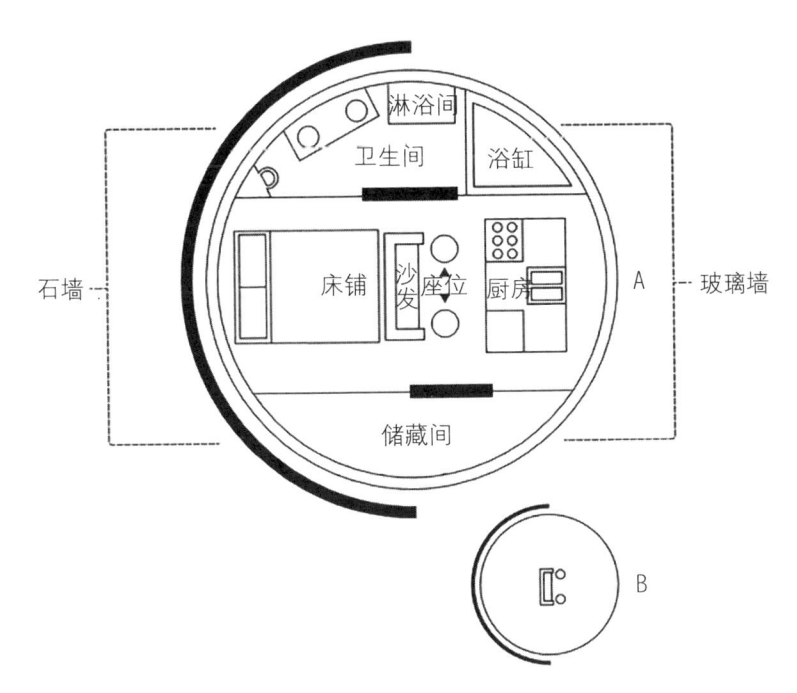

"工托邦"住宅设计：方案A展示了全部功能，方案B只展示了沙发和座位升起的状态

在"工托邦"的住宅中，沙发从地面升起，床铺下降，原本光秃秃的地板则升起厨房台板和灶台。这样，不论做饭、睡觉、读书、办公，都在同一个房间内，工作记忆也只需要聚焦在这一场景内。无论这间小屋坐落在山顶之上还是花园之中，透过房屋的玻璃前门，外面的景色都将一览无余。

从"工托邦"到现实世界

"工托邦"是一个世外桃源，可以放松身心，发挥创造力。但是，只有学以致用，将这些经验或设想应用在现实世界，才能真正对我们的社会产生影响。本书的目的之一就是将学术界的设想运用在更广阔的世界中。现在我们已经了解了如何发挥工作记忆的优势，接下来该怎么做呢？你可以将书中提到的方法应用在自己的生活中，保证充足的睡眠，日常饮食中多吃莓果，管理好个人财务，清理杂物（同时也是清理自己的内心）。此外，还可以和朋友分享这些秘诀给你的生活带来的实实在在的变化。"工托邦"不只是虚无缥缈的想象。

第十三章

工作记忆优势之黎明

电影《2001太空漫游》的开场贡献了电影史上最为经典的片段之一——人类黎明。它回溯了物种进化的漫长历程：一群原始人（或者说是猿人）在弱肉强食的土地上勉强维系着生命。在猎食的过程中，有人被猎豹残杀。之后，整个族群又被另一群猿人撵出自己的领地。黑夜中，恐惧的猿人们抱成一团。等到黎明，他们发现眼前矗立着奇怪的黑色巨石。这块巨石改变了一切。

一开始，猿人们对这个庞然大物充满了恐惧，但很快好奇心占了上风，他们壮着胆子去触摸它。有人在一堆骨头中找到了一根粗大的股骨，各种摆弄之后，用它砸碎了一块经过阳光暴晒变得松脆的头骨。这一新的技能给了他力量。他用股骨击打貘的头骨，可以更轻松地猎取食物。他将貘肉带回给小伙伴们。其他小伙伴们也相继掌握了这一技能。他们用股骨做武器捕猎，并将抢占地盘的敌人赶出了领地。欢呼中，他们将骨头掷向了空中，镜头随后切换到了太空中的轨道卫星。

几十年来，人们对这一经典片段的寓意争论不休。解读是开放的，导演斯坦利·库布里克（Stanley Kubrick）也没有对此给出官方解释。我们对这一场景的理解十分简单：巨石代表着工作记忆的觉醒。

智力拼图中缺失的一块

工作记忆的巨大进步不仅改变了库布里克影片中原始人的命运，也改变了现实中的人类祖先的命运。在工作记忆的力量觉醒之前，电影中的原始人也许见到了无数的骨头，却从未想到可以将其用作工具。他们甚至可能捡起过某块骨头，掷了出去或是用它砸碎了某些东西。但直到巨石降临，他们才拥有将这些孤立事件联系在一起的能力：用来砸碎头骨的骨头不仅可以用来捕杀獏，也可以用来赶走敌人。

心理学家们将这一思维过程称为"联合绑定"，即将多条相互独立的信息结合起来，形成一个新概念。

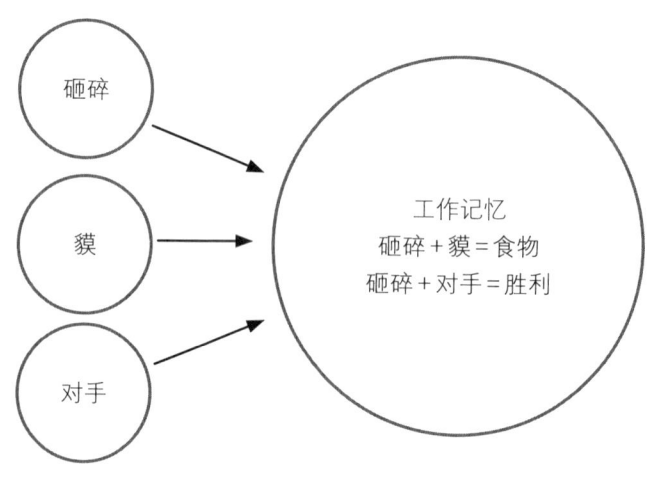

联合绑定

联合绑定是我们适应环境、得以生存的重要能力。我们使用语言（声音+事物=词语）、烹饪（生肉+火=熟肉）、狩猎（棍棒+肉=食物）、穿衣（皮毛+人=保暖），都离不开联合绑定。拥有联合绑定能力的一个重要前提是工作记忆。在库布里克的原始人触摸巨石之前，如果扫描其大脑，多半可以看到其大脑被激活的区域主要集中于杏仁核（恐惧）与海马体（对生活片段的记忆，比如外出觅食、寻找水源、被其他族群赶走）。但如果在他触摸巨石之后，以及意识到股骨可以用来捕杀猎物的那一刻扫描他的大脑，结果会有所不同。此时的海马体仍然处于激活状态，这代表着大脑对貘以及用股骨击碎头骨的记忆；与海马体同时被激活的还有前额叶皮层，这是将不同信息结合在一起时需要用到的脑部区域。回到现实世界中，人类的工作记忆已经进化得非常成熟，可以轻松操控多条信息，也正是得益于此，我们拥有超越其他物种的进化优势。

虽然我们相信，人类因卓越的工作记忆而在哺乳动物中脱颖而出，但必须承认学界对此并没有达成共识。日本京都大学的松泽哲郎就是反对者之一。他开展了一个受到媒体瞩目的实验，分别以大学生和5岁黑猩猩为实验对象，进行工作记忆测试。在测试中，电脑触摸屏上显示从1至9的数字，随后数字替换为空白正方形，黑猩猩和大学生需要根据原先的数字点击正确的空白正方形。哪一组得分更高呢？多数人都猜大学生胜出，但结果并非如此。

为什么黑猩猩能赢过受过高等教育的人类？因为它们拥有惊人的图像记忆能力——一种以图片形式扫描并记忆某一情境的能力。有了这一能力，黑猩猩们能够在野外快速评估潜在的危险。有人认为在松泽的实验中黑猩猩使用的是短期记忆，而非工作记忆。即便处理信息的过程中黑猩猩使用的是工作记忆，它们的图像记忆能力也能将任务的难度大大降低。

在处理更为复杂的信息时，人类要远胜于黑猩猩。我们能够运用联合绑定能力，设计出新颖有效的方法来解决问题，黑猩猩则无法像人类一样进行创新。至少，它们还没有对人类的工作记忆进行过研究。

探寻工作记忆巨石的漫漫长路

天外飞石毕竟只存在于科幻小说中，但的确有某种神奇的力量打开了我们的工作记忆开关，让我们比近似的物种更聪明。这就引出了一个问题：我们的"巨石"是什么？是什么激发了人类无与伦比的创造力？这正是一些世界顶尖科学家一直在研究的问题。科学界将这些人称为古生物学家、古遗传学家。但我们觉得他们更像是《犯罪现场调查：古生物之谜》的探案人员。

以下是典型的《犯罪现场调查》情景：案件发生后，法医很快来到现场，并发现了脚印。根据脚印，他推断出了作案者的体重、身高、去向等信息。假设法医是在案发后一天甚至一个月后才到达犯罪现场，情况会有什么不同？雨水冲走了物证，无关人员的足迹破坏了现场。没有确凿的证据，案件很有可能成为悬案，被人逐渐遗忘。

因为时间久远，《犯罪现场调查：古生物之谜》的探员接手的是悬案中的悬案。他们探寻的是人类进化的奥秘，以及人类独有的认知技能的起源。一些探员认为人类的工作记忆起源于大脑的结构变化，另一些则将目光投向了人类的基因。以下是一些对工作记忆起源的主要推测，以及推测背后锲而不舍的探员们。

◆ 推测1：大脑的结构变化

本案的探员是古生物学家埃米利亚诺·布鲁纳（Emiliano Bruner）。数年来他一直在追踪史前人类大脑发生的结构变化。当然，人类那些居住在洞穴之中的远房亲戚的大脑中的灰质早已不复存在了，所以布鲁纳只能通过头骨来推断其大脑结构。他的研究成果有力地证明，得益于大脑某一部位的进化，人类利用工作记忆的效率提高了。

2010年，布鲁纳带领研究团队进行了大量分析，比较了现代人类与尼安德特人的头身比例。他们惊讶地发现，现代人类大脑中负责处理工作记忆信息的脑区——大脑顶叶，要比尼安德特人大很多。布鲁纳认为，顶叶的扩张为概念性思维提供了"空间"。这些大脑结构的变化是人类超强工作记忆的起源吗？

◆ 推测2：叉头框P2基因

人类工作记忆起源谜案中另一个重要嫌疑人是叉头框P2基因，这是一种与言语相关的基因。言语技能需要用到工作记忆。

牛津大学的安东尼·摩纳哥（Anthony Monaco）曾经对叉头框P2基因的重要性进行过研究。他深入探访了一户有着严重言语和语言障碍的家庭，包括阅读障碍、句法处理困难、拼写水平差和语法水平差，等等。所有这些都与工作记忆受损有关。一般情况下，语言障碍是多种基因问题共同作用的结果，但有趣的是这家人跨越三代的语言障碍却仅仅是因为一个基因——叉头框P2的缺陷。叉头框P2的缺陷让整个家庭遭遇语言障碍，这证明了这一基因对于语言能力的重要性。

2002年，古生物学探员斯万特·帕博（Svante Pääbo）初试牛刀，运用克隆技术获取埃及木乃伊的DNA，并提出现代人类之所以能在与其近亲尼安德特人的竞争中胜出，关键就在叉头框P2基因。他在《自然》杂志上发表了一篇备受瞩目的论文，在文中他将叉头框P2列为高度保守基因序列。

一个基因若是可有可无，应该早就在人类漫长的进化过程中被淘汰了。叉头框P2基因得以长久留存，这本身就说明了它的重要性。

帕博团队试图证明叉头框P2曾经发生过一种基因突变，即古生物学界所称的"选择性清除"。这是一种可以让人类拥有更强生存适应能力的基因变异。换句话说，帕博想要证明的是：早期人类是否经历过叉头框P2基因的有益突变，从而在短时间内拥有了超越其他人种的进化优势。他们推测，叉头框P2基因为人类带来了两重好处：

· 叉头框P2基因让人类得以掌握现代语言；

· 叉头框P2基因为交流能力和人类社会的发展奠定了基础。

另一位探员——斯坦福大学古人类学家理查德·克莱因（Richard Klein）的研究也佐证了帕博的结论。他也认为，叉头框P2基因的出现为现代人类掌握复杂的语言，并最终向亚洲与欧洲扩张奠定了基础。所有迹象似乎都表明，叉头框P2基因是人类工作记忆的起源。

然而几年后，剧情发生了巨大转折，帕博亲自质疑了叉头框P2基因为现代人类带来认知优势这一说法。通过西班牙北部一个山洞中挖掘出的人骨，他发现尼安德特人拥有与现代人类相似的叉头框P2基因。这一发现颠覆了科学家们对尼安德特人的既有认知。

既然尼安德特人拥有掌握语言所需要的一项关键遗传成分，这是否意味着他们可以像现代人一样说话呢？并非如此。马克斯·普朗克心理语言研究所的桑娅·弗纳斯（Sonja Vernes）等科学家发现，叉头框P2基因更像是一个能够开启其他语言相关基因的开关。尼安德特人的确拥有这个开关，但并不意味着所有灯都打开了。

叉头框P2基因很有可能是人类工作记忆的起源，但我们也别忘了其他的一些可能性。

▶ 推测3：异常纺锤体样小头畸形基因与小头脑素基因

芝加哥大学的遗传学家布鲁斯·拉恩（Bruce Lahn）研究了小头脑素基因和异常纺锤体样小头畸形基因的变异及其对认知进化的作用。这名探员推测，这两种基因的遗传突变对大脑体积的大小具有调节作用。这一推测让很多人开始思考，这两种基因是否正是人类的大脑变得更大更好的原因。

这些基因突变发生的时间似乎正好与早期人类文明的关键事件的时间吻合。按照拉恩的说法，小头脑素基因的突变发生在大约37000年前，大约在同一时期，艺术和象征主义首次出现在了欧洲的洞穴中。小头畸形基因的变异则发生在大约5800年前，一些研究人员推测这一时期诞生了大量城市和书面语言。古生物探员们兴奋至极，希望能够证明小头畸形基因和小头脑素基因的某种突变就是他们找寻已久的巨石。

但是，爱丁堡大学蒂莫西·贝茨（Timothy Bates）对这两个基因突变的深入研究再次给探员们的热情浇了一盆冷水。他对实验参与者进行了基因测试、智商测试和工作记忆测试，结果显示突变后的小头畸形基因或小头脑素基因与智商和工作记忆测试得分并不相关。简而言之，这两种基因没有让人类拥有高于其他物种的智力。对于巨石的探寻再次进入死胡同。

拉恩这样解读自己的基因研究："到底是部分基因产生了部分突变，还是部分基因产生了大量突变，或是大量基因产生大量突变？答案应该是最后一个。"

尽管探寻远古基因并非易事，但勇敢的探员们并没有轻易放弃。2010年，帕博分析了从尼安德特人骨骼中采集到的10多亿个DNA片段，对其基因组完成了60%以上的初步测序。2013年，他的团队基于一块脚趾骨，绘制了完整的尼安德特人DNA序列，并将其上传至网上供大家免费下载（http://cdna.eva.mpg.de/neandertal/altai/bam）。随着人类远古亲戚的基因组成分愈发清晰，科学家们可以更好地将其与现代人类进行比较，最终或许能够找到开启人类非凡工作记忆的那块巨石。

工作记忆考古纪实

开启人类工作记忆的那块巨石到底是什么，我们尚未找到答案，但可以肯定的是在上万年的历史中，人类的工作记忆能力获得了巨大的提升。为了有一个更直观的概念，让我们穿越回几千年前，近距离观察两个尼安德特人——普拉特和他的伴侣古尔克的生活。他们与其他尼安德特人一起居住在一个山洞里。普拉特是族群的首领，因为他掌握了一种名叫勒瓦卢瓦的长矛制作技法，做出来的矛头比其他人都好。

要制作矛头，普拉特首先需要找到符合要求的石料：足够大，并且拥有特定形状。他们将这样的石料称作核料。每当普拉特发现一块核料，他都会低吼一声"啵"。尼安德特人原始的工作记忆让他们能够将声音"啵"与某个物体（此处为石头）绑定在一起。然后，普拉特开始一个被尼安德特人称为"敲打"的打磨过程，精工细作，最终将石块磨成龟壳形状。用力敲击，龟壳上的石片就会松动并掉落。掉落的石片轻薄而锋利，将其安装在长矛之上，就是用来猎杀动物的绝佳武器。

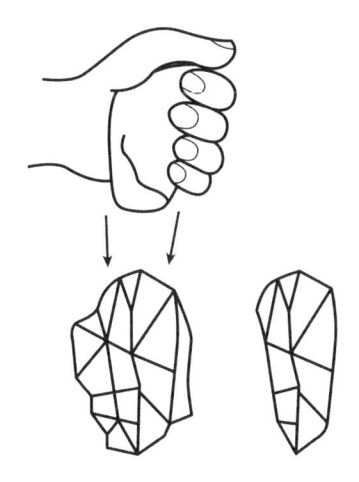

敲打：左边是敲击龟壳的动作，右边是掉落的石片

普拉特的技艺十分精湛，曾经创下纪录，用一块核料打出了九张石片。如果吉尼斯世界纪录有史前特辑的话，那上面一定会印上普拉特自豪的笑脸，以及他的九张石片。这个"敲打"过程不仅要求

制作者保持手部稳定，还要求他做好预先计划。要做到这点，他就需要动用工作记忆，在大脑中记住两个信息：

1. 理想的核料应该是什么形状的；
2. 如何将核料打磨成理想的样子。

为了让所有人都知道普拉特拥有族群里最高超的工具制造技艺，古尔克为普拉特制作了贝壳串珠。只有最厉害的矛头制造者才能佩戴这串项链。古尔克自己则因为生下了两个健康的婴儿而受到族人敬重。每当族人对她发出"嘚"的声音，她内心便洋溢着自豪，因为这个声音代表着健康的孩子。因为有了工作记忆，古尔克得以将物理符号（珠子）和言语符号（声音）与其对应的事物联系起来：珠子代表着地位，声音代表着健康的孩子。

问题是，我们的尼安德特朋友除了制作串珠、矛头，以及发出"啵"和"嘚"的声音之外，似乎再无突破。事实上，尼安德特人留下的工艺品都很简单，完成这些工艺需要同时处理的信息不超过两条，大约5岁孩子的工作记忆水平就可以完成。

如果史前时期有电视节目，比如《谁比尼安德特人聪明？》，那么早期现代人一定每次都能大比分胜出。如果一个现代的8岁儿童去参赛，与当时最聪明的尼安德特人对决，他也一定可以毫无悬念地赢得奖杯。

如果说雕琢石块就是尼安德特人科技发展的顶峰，那么早期现代人的创造力则没有止境。现在我们来看看两个现代人祖先的生活，他们是斯奈尔·梅克（Snare Maker，意为诱捕者）和他的伴侣费舍·凡德（Fish Finder，意为捕鱼者）（注意，他们的名字比尼安德特人复杂了许多）。

斯奈尔·梅克和费舍·凡德生活在开始于约4万年前的旧石器时代晚期。他们过着漂泊的生活，却一直在追求更好、更高效的做事方法。当他们往返迁徙于欧洲大陆的各种洞穴时，总会带上各种各样的精密工具。这些用石头制作的工具看上去各有用途：那些薄薄的石片应该是用来剪发的；那些边缘厚实的石块可能是用来击碎骨头，取食其中美味骨髓的；边缘微微向上弯曲的石片也许是用来切肉的；而边缘向下弯曲的石片可能是用来收割植物的。

工具的专门化意味着对自然环境持续的认知投入，意味着早期现代人能够运用工作记忆对石头、木材、骨头等自然资源进行想象和改造，从而设计出具有特定功能的工具。人类工具的专门化还涉及预先规划。以瑞士军刀为例，你未必需要那么多功能，但你在野营的时候会带上它，因为在野营过程中你也许会需要那把迷你小锯、小刀，或是开罐器。

现代人类的大脑成像显示，做规划需要用到前额叶皮层。卡内基梅隆大学的研究团队用功能性磁共振成像对参与者进行了脑部扫描，发现在执行计划型任务时，参与者的大脑前额叶皮层被激活。

该研究中使用的是一个被称为"河内塔"的计划型任务。这项任务会用到一个带三根杆子的架子，以及大小不同的彩色圆盘。参与者需要将圆盘从架子一端的竖杆移动到另一端的竖杆。游戏的规则是：一次只能移动一个圆盘，并且不能将大圆盘放在比它小的圆盘上。虽然听起来很简单，但若想顺利完成这一任务，需要提前做相当多的规划。

斯奈尔·梅克和费舍·凡德在觅食和捕猎时也需要提前规划：哪些工具能用得上，哪些用不上。他们俩都需要运用工作记忆来计划需要完成的任务。斯奈尔·梅克会想："今天要采什么食物？浆果？坚果？根茎？现在不是浆果的季节，昨天采的坚果不好吃，所以还是带着这把向下弯曲的刀片去挖植物的根茎吧。"

费舍·凡德则会想："今天猎什么呢？三文鱼？猛犸象？狐狸？野山羊？还是松鼠？昨天我在附近看见野山羊了，就它吧。"然后他会开始考虑带上什么工具。大概流程是这样的："捕猎野山羊不需要重矛，那个捕猎猛犸象的时候才用得上，但我需要一支轻巧的投掷短矛，用来猎杀野山羊，还需要一个用来处理猎物的大刀片，以及烹饪时要用的燧石。"

有时为了捕猎，斯奈尔·梅克布置陷阱时也需要用到工作记忆。一个成功的陷阱涉及四条信息，比普拉特和古尔克两个尼安德特人能够同时处理的信息多了一倍：

1. 捕猎的目标是什么：野猪还是狐狸？不同的狩猎目标需要的陷阱是不一样的；

2. 了解捕猎的区域，找到最适合设陷阱的位置；

3. 理解百分数的概念，计算成功的概率，以及需要设置的陷阱数量；

4. 计算时间，知道什么时候离开陷阱，什么时候该回来。

早期现代人拥有比尼安德特人更强大的工作记忆，可以同时处理更多的信息，因而具备了超越尼安德特人的优势。我们得感谢在这一领域做出开创性研究的两位学者，他们是科罗拉多大学的托马斯·怀恩（Thomas Wynn）和弗雷德里克·柯立芝（Frederick L. Coolidge）。大多数学者都只是某一领域的专家，只有极少数能够打破学科壁垒，拓展知识疆域，汇集多方智慧，发现全新视角。他们就像印第安纳·琼斯①（虽然没有鞭子与呢帽）那样不畏挑战，勇敢探索。怀恩和柯立芝就是这样的探险家。

2000年，心理学家柯立芝正在研究执行功能，一项与工作记忆紧密相关的高级心理技能；而考古学家怀恩则正在研究史前人类制作工具的心理过程。一天，柯立芝突然出现在他的办公室。出于各自工作的需要，他们一直对彼此的研究领域抱有兴趣。两人一拍即合，成功组队，认知考古学家组合诞生。他们一起出版了《智人的崛起：现代思维的演变》一书，提出增强的工作记忆是人类进化的导火索，它让我们从只会向空中扔骨头的原始人演变为能够发射卫星的现代人。

"增强的"是一个重要的修饰语。怀恩和柯立芝并不认为在经历认知跃升之前人类不具备工作记忆，毕竟古尔克和普拉特两位尼安德特人也有同时处理两条信息的能力。他们认为，是工作记忆能力的飞速进化，让人类最终实现了技术、社会和文化领域的创新。

要了解石器时代的创新，我们可以看一下巴布亚新几内亚地区的狩猎采集部落。这些现代部落仍然在使用石器时代的技术。部落里猎人的箭袋里可能装着不同类型的箭，每种都有特定的用途：有的用来猎杀小型动物，有的用来猎杀体积较大的猎物，还有的带有大的倒钩，据说是用来杀人的。在完成更为复杂的任务时，这些部落

---

① 《夺宝奇兵》中的主角，考古学家。鞭子与软呢帽为其标志性装备。——译者注

还会使用各种各样的绳索、骨刀、刮刀、石斧以及木斧。看一下他们是如何采摘西谷椰果的：每名成员各司其职，男人负责用石斧和绳子砍下椰果，妇女负责用木斧将椰果敲碎，刮下里面宝贵的果肉，并用某种冲洗装置提取其中的淀粉。

他们的方法与如今印度尼西亚现代化工厂的生产工艺并无二致。当然，现在许多步骤都已经自动化，但制作工艺在本质上极其相似：都需要整合多个步骤，并分工执行。你需要根据情况设计流程，并为每一个步骤配置最合适的人选。任何一个步骤出错，都将导致整个部落挨饿。没有增强的工作记忆，这个任务不可能完成。

弗林史东家族——现代石器时代的摩登原始人

大多数人想到石器时代，脑海里出现的可能是这样一幅浪漫的场景：高贵的原始人与自然和谐共处，仅仅凭借强壮的躯体与足够的运气就养活了自己。但我们有必要纠正这一认识。事实上，《摩登原始人》[①]中所呈现的场景也许更接近原始人的真实生活。

还记得弗雷德、威玛、巴尼、贝蒂、佩伯和巴姆巴姆吗？弗雷德在当地采石场担任起重机操作员，和邻居巴尼同为水牛城忠诚组织的成员，是很要好的朋友。故事中的小伙伴们都喜欢创新，通过创新改善生活。威玛用猛犸象宝宝作吸尘器；弗雷德用小鸟作汽车喇叭；还雇用了一只巨型猛犸象，让他用鼻子喷水，为全家人淋浴。

---

① 美国动画电视剧。——译者注

好吧，早期现代人没有石头汽车，也不会用猛犸象吸尘，但他们的真实状况与基岩镇①居民的生活也不会相差很多。因为有了增强的工作记忆，人类的祖先（比如斯奈尔·梅克和费舍·凡德）不只是靠山吃山，还根据需要开发并经营了四周的土地和水源。他们运用专用工具、石器时代的机器、精巧的设备以及复杂的技术实现了这一切。通过原始版的工业化，早期现代人类不仅活了下来，还生生不息地繁衍了下去。

例如，费舍·凡德和其他族人可能组织了大规模的捕鱼活动。对于单个渔民而言，一根渔竿、一条渔线和一个渔钩足够了，但是如果要养活整个族群，就需要更大的规模。他们也许发明了类似于鱼堰的复杂装置，利用水流以及精确设计的障碍物（如杆子或网）拦截鱼群，而渔民要做的就是站在平台上将被困的鱼儿舀上来而已。想象一下这个场景：费舍·凡德和族人们的捕鱼大获成功，带着几十条鱼凯旋，而普拉特（仅存的尼安德特人之一）猎杀猛犸象的行动却惨遭失败，他们两手空空，一瘸一拐地回到洞穴。前者足以嘲笑后者了。

鱼堰：鱼群顺流游下时被障碍物截下

---

① 《摩登现代人》中主人公们居住的史前小镇。——译者注

发明并使用这种捕鱼技术绝非易事。它需要动用工作记忆，精确计算，并进行视觉空间操作，从而做出重要的设计决策。状似鱼堰的古迹表明，费舍·凡德等早期现代人类的智慧已经达到了工业水准。

怀恩和柯立芝在研究报告中提到的"沙漠之剪"更好地说明了早期人类已经具备预先规划的能力，从而进一步验证了他们的增强工作记忆假说。"沙漠之剪"的工作原理如下：费舍·凡德与他的族人用石头搭建长长的墙，墙呈V字形延伸，形成一个进去容易出来难的漏斗状，方便捕猎羚羊。这一设计的灵感应该来自大自然中的峡谷，他们发现峡谷能够限制羊群的活动，于是在羊群出没的区域修建了石墙以达到相同的目的。当然，如果成功捕获一大群羚羊，他们会将其全部宰杀，这就意味着他们一下子获得了大量的羊肉，无法全部吃光。所以科学家们猜测，斯奈尔·梅克等女性族人会将肉切好并腌制，以备找不到猎物之时食用。

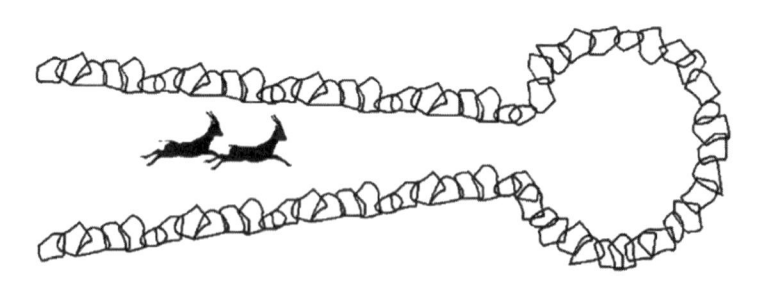

"沙漠之剪"：猎物被驱赶进入狭长的石墙，困于末端的畜栏之中，最终被捕获

这表明早期人类已经拥有了强大的工作记忆，能够未雨绸缪，在食物有限的情况下，抑制大快朵颐的欲望。这就好比你买了一袋迷你士力架，但自己不能吃，必须将它放在厨房的柜子里等万圣节的

时候分给小朋友，想象一下那得有多煎熬。

因为有了增强的工作记忆，斯奈尔·梅克这样的早期现代人类的智力达到了能够开发并经营周围资源的水平。工作记忆的作用远不止于此。也许斯奈尔·梅克就是石器时代的史蒂夫·乔布斯，发明了最原始的计算机——带有精确刻痕的骨头，骨头上的刻痕可以用来记录有限的工作记忆无法存储的信息。

也许每一道划痕都代表着一个数字，每多记一次数便用指甲在上面多刻一道划痕。借助这台原始计算机，斯奈尔·梅克可以随时了解鱼肉或羚羊肉的存量。也许我们永远都无法知道这些骨头的确切用途，但这个工具的发明就已经充分证明了她强大的工作记忆。

释放创造力

斯奈尔·梅克和费舍·凡德可不只是简单的土地管理员或是专用工具制作者。他们还是旧石器时代的文化爱好者。事实上，他们的文化艺术生活与今天的我们并无二异。

今天，我们看电影、看电视、阅读、听音乐，由此与他人建立联系，形成对世界的看法，了解（或至少思考）我们在世界中所处的位置。不论是试图解构英国艺术家达米安·赫斯特（Damien Hirst）动物腌制品（他将虎鲨尸体存放在甲醛气罐中，取名为"王国"，并在2008年以约1700万美元的价格售出[①]）的深层含义，还是关注《泽

[①] 更多资料显示此作品名字为"生者对死者无动于衷"，关于其售出时间与价格的说法也不尽相同。——译者注

西海岸》①中的明星妮可·波利兹、麦克·索伦蒂诺，以及其他年轻男女的狂野八卦，文化与娱乐总是能带给我们那些可以跟同事闲聊的话题。

而对斯奈尔·梅克和费舍·凡德而言，最让他们着迷的是山洞壁画、雕塑、乐器等手工艺品。这表明，早期现代人类会花时间解读周围的环境，探索世界全貌，思考自己在世界中的位置，并反过来探究自身。这些思考都离不开增强的工作记忆。

音乐就是一个典型的例子。我们可以想象一下，斯奈尔·梅克、费舍·凡德还有其他族人会围坐在篝火旁，欣赏着骨笛（类似德国霍赫勒·菲尔斯（Hohle Fels）山洞中发现的那种，据称拥有4万年的历史）吹奏的优美音乐。我们也许永远也不会知道，音乐是他们主要的夜间娱乐活动，还是讲故事的背景，或是某种行动号令。而且，我们也无法得知他们的音乐品位更接近罐装燃料乐队（Canned Heat）、杰思罗·塔尔乐队（Jethro Tull）还是莫扎特。

我们知道的是，制作骨笛是一个极其复杂的过程。它包括以下步骤：

1. 全程牢记理想中长笛的样子；
2. 找到形状合适的骨头；
3. 计算钻孔的位置；
4. 计算制作笛头塞的位置。

这种长笛的制作需要运用工作记忆进行计算、集中精力并做出判断，否则无法成功。但是，早期现代人类真的能够鉴赏音乐吗？他

---

① 美国真人秀节目，2009年首播。——译者注

们会意识到音准好坏吗？显然可以。专家们已经确定，类似构造的长笛发出的音调确实相当和谐，说明史前人类的确能够欣赏音乐。

如今我们参观现代艺术品时，经常绞尽脑汁也不能理解其含义。要理解一座32000年以前完成的雕像意味着什么更是难上加难，但考古学家没有就此放弃。数年来他们一直在研究象牙狮人雕像的含义，这座雕像用猛犸象的象牙制成，拥有狮子的头和人类的身体。我们当然也不清楚这是什么意思，但可以肯定，这座惊人的作品是增强的工作记忆的产物。

雕刻过程中，艺术家需要运用工作记忆来判断手臂、头部和面部的对称关系以及三维比例。但是通过作品表达某种含义，则需要艺术家发挥工作记忆将狮子的头和人的身体结合起来。这是一种复杂的联合绑定，它需要通过类比推理，基于两种实际存在的事物创作出虚构的结合体。这也是这一思维模式最早的例子之一。

对于早期现代人类而言，位于法国南部的肖维岩洞扮演着今天电影院的角色。几千年前的一次山体滑坡封堵了洞口，凝固了时间，保存了里面的艺术品。1994年人们发现了这一洞穴，随即将其封锁，以保持其原始状态，供学者研究。洞穴里面保存着目前发现的最古老的史前绘画和雕刻。这些艺术品的存在表明了当时人类想象力、自我意识以及他人意识的觉醒。

2011年，德国导演维尔纳·赫尔佐格（Werner Herzog）拍摄了一部关于肖维岩洞的3D纪录片《忘梦洞》，让我们得以瞥见远古艺术家们无与伦比的想象力。在创作时，艺术家们会就地取材，利用岩壁起伏不平的表面，创作出超现实的动物图像，比如八条腿的野牛。这八条腿的创作技巧非常独特，仿佛是逐条覆盖上去的。2012年，旧石器时代研究员马克·阿兹玛（Marc Azéma）和弗洛朗·里维埃（Florent Rivère）认为这是一种被称为"叠印"的技术。如果点燃火炬，在闪烁的火光下，牛腿会被交替照亮，使野牛看起来如同疾驰一般。赫尔佐格将这种效果称为"原型电影"。此外，阿兹玛和里维埃认为旧石器时代的艺术家们还创造了图像叙事手法。他们注意到肖维岩洞中的一幅壁画，从左到右描述了一头狮子从悄悄逼近，到最后突袭野牛群的完整狩猎故事。这种视觉和叙事的复杂性是强大智力的体现，说明早期人类已经能够组合多种元素，按照顺序完整地讲述故事了。

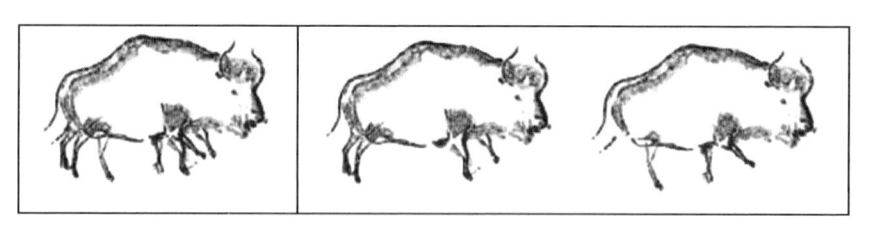

肖维岩洞艺术：八腿野牛。摇曳的火炬照在图案上，交替照亮不同的牛腿，给人以电影般的运动感［经马克·阿兹玛（Marc Azéma）和吉尔斯·托塞洛（Gilles Tosello）许可转载］

想象一下，在洞穴中，斯奈尔·梅克和费舍·凡德用火把照亮洞壁，图像在摇曳的火光下栩栩如生，当时他们该有多激动。除此之外，他们还创作了大量其他动物的作品：野牛、犀牛、狮子、鸟类、马、熊等。早期人类为何如此痴迷于动物世界？是因为动物对人类的威胁？是因为动物在早期萨满教中具有某种精神意义？还是什么其他尚不为人知的原因？

无论如何,肖维岩洞上的图画都为研究早期人类工作记忆提供了线索。壁画内容既非随意也不杂乱无章,相反它体现的是一个具有目的性和选择性的过程。它需要绘画者运用工作记忆,记住可能需要描绘的动物,然后选择要画哪些、不画哪些。比如画中没有出现树木、河流、长矛或是山丘,更有趣的是,也没有人类。我们可能永远都不会理解这些图案的确切含义,但是从中可以感受到我们的穴居祖先对它们的着迷程度。

那么,怎么知道斯奈尔·梅克、费舍·凡德这些早期人类是如何理解他们在这个世界上所处的位置的?艺术史学家乔尔·罗伯特·兰布林(Joëlle Robert-Lamblin)认为,远古艺术家们描绘动物的图画定义了人与动物的关系。比如,他们并没有将这些动物画成危险的样子,这说明早期现代人类并不恐惧动物,并非我们想象中的史前"大白鲨"。

墙壁上动物图案旁边还印着精心设计的红色手印,说明他们有意识地和动物建立联系。当然,这引出了另一个问题:自我意识是工作记忆的决定性特征之一,那么远古艺术家们的自我意识达到了什么程度呢?

我们曾经提到过,工作记忆是人类产生意识的位置,是我们关注自我、做出决定、采取行动的地方。除了手印(一种身份认同的象征)外,洞壁上还有一些半人半兽的图案,比如野牛的头加上女人的腿和生殖器。与狮人相似,艺术家需要在工作记忆中融合两个独立的概念,才能创作出这样超现实的动物。这些半人半兽的画作也许就是科幻作品中那些怪物的史前版本呢——给它命名为"野牛女出击",如何?

肖维岩洞中的壁画作品还清晰地体现了早期现代人类的他人意识,这是工作记忆的另一个重要标志。典型的例子包括色情图案,比如耻骨和女性外阴。在欧洲其他地方也发现了生理结构上正确无误的阳具和妖魅的裸女雕像等文物。尽管这些创作过程显然是由前额叶皮层以外的脑区驱动的,但如果没有工作记忆的加持,他们不可能将复杂的人体结构简化为具有象征意义的性器官,或是将女性抽象化为纯粹性意味的小雕像。

创新性的特效、超现实作品、色情图案及雕像都表明,以斯奈尔·梅克、费舍·凡德为代表的人类祖先拥有完整的文化品位,涵盖高级艺术和色情风俗。

尼安德特人的消失恐怕是最难以破解的悬案。几十年来,考古侦探们倾向于认为早期现代人类是罪魁祸首,他们的理论是:早期现代人类凭借卓越的才智击败了尼安德特人,他们对资源的高度占有最终将其逼入绝境。甚至有学者认为现代人类吃掉了尼安德特人!但是新的证据显示,人类可能拥有完美的不在场证明。

瑞典乌普萨拉大学的洛夫·达伦(Love Dalén)主导了一项开创性研究,表明拥有增强工作记忆的早期现代人类根本不在犯罪现场。他在2012年发表了研究报告,对比了在西班牙发现的晚一些的尼安德特人遗骸DNA与在欧洲和亚洲发现的更古老的尼安德特人遗骸,发现后者遗传变异性更大,说明在尼安德特人历史早期人口更多,而前者DNA变异水平非常有限,说明到了后期,尼安德特人的人口规模已经很小。

达伦认为，尼安德特人灭绝的罪魁祸首应该是气候变化，而非人类，因为在他们灭绝的时候早期现代人类并没有生活在欧洲。大部分尼安德特人于大约5万年前死亡，而一小支幸存者则在一万年后逐渐销声匿迹。他们灭绝的时间与早期现代人类开始从非洲迁徙至欧洲的时间接近。因此我们的祖先与尼安德特人的交集非常有限，有力地排除了他们实施史前种族灭绝的可能性。

肖维岩洞中的绘画呈现了早期现代人类的形象，他们显然不是大肆杀戮者。这些艺术创作表明早期现代人类开始使用增强的工作记忆想象自己，了解自己在世界上所处的位置，并形成了文化脉络，这些脉络替代了共同捕猎以谋生存的原始动机，成为连接不同群体的强大纽带。

从投掷骨头到发射卫星，尽管人类的进化轨迹并不全是工作记忆的功劳，但它在其中发挥了深远的作用。很大程度上，工作记忆优势是人类文明的来源，是人类的终极进化工具。它让我们创造出了万事万物，从骨笛到斯特拉迪瓦里小提琴，从狮头人到米开朗基罗的大卫雕像，从骨头"计算机"到谷歌。得益于工作记忆，以斯奈尔·梅克、费舍·凡德为代表的穴居原始人类开始了篝火旁的集会，而现代人类则发展出了民主制度。在数字时代乃至更远的未来，工作记忆将继续进化并发挥作用。

我们不能确定未来会是什么样子，也许会是某个版本的"工托邦"（梦想还是要有的），但无论如何，工作记忆都将支撑人类在这个世界上蓬勃发展。不管拥有哪种工具，无论是鱼堰还是机器人，只要拥有良好的工作记忆，我们就可以充分发挥它的作用。实际上，工作记忆是人类所能拥有的最伟大的工具。未来，能够在这个社会生存并活得精彩的，一定是那些能够充分利用工作记忆的人。你会是其中之一吗？

第十四章

工作记忆速查手册

全书中，我们介绍了许多工作记忆提升练习，以确保您能最大程度地发挥工作记忆的优势。本手册汇集了各章节的练习，按照简化、控制、支持三个基本原则进行分类，以便读者按需查阅。

·简化：这些窍门与技巧有助于帮助您的工作记忆指挥官剔除不必要的事物，控制需要处理的信息量，从而专注于最重要的事情。

·控制：这些练习可以强化您积极处理信息的能力。

·支持：这些策略能够为您的工作记忆提供护理与支持，让其维持最佳状态。

简化练习

简化的过程就是尽可能降低复杂性。通过简化练习，减少工作记忆指挥官需要处理的非必要信息，从而将注意力集中在重要的信息上。通过简化练习，还可以提升工作记忆运转效果，让我们更快乐、更高产、更高效。这些练习的目的是清除工作记忆内淤积的垃圾。

简化生活、简化工作、简化学习

以下练习可运用于生活的方方面面。

· 记录每天运用工作记忆完成的事项。记住，工作记忆是对信息有意识地进行处理，因此涉及思考、记忆或处理某件事的都应该列出来。做好心理准备，这份清单可能会很长。

· 按照重要性从高到低排列这些事项。尽可能划掉最不重要的事项，坚持一周不做这些事。一周结束后，评估一下自己的思考清晰度、记忆力、创造力、情绪以及焦虑程度。删除这些事项后，如果感到自己的思维有了明显提升，可以考虑将这些事项从任务列表中永久删除，也可以将频率降低为每周一次或每月一次，这样它们就不会每天分散我们的注意力了。

· 重复这个过程，从列表中删除更多事项。

在家里，你可以让孩子们也写一份待办事项清单，并确定优先级，帮助他们学习这一宝贵的技能。工作中，雇主和管理人员可以向员工明确各个事项的优先级，鼓励员工将大部分时间花在最重要的工作上，从而提高工作效率。在学校，老师可以舍弃那些对提高学习水平和成绩效果较差的教学活动（比如练习花体字）。

小憩一下：限时待机时间

➡ 成年人

手机让我们保持社交，但是如果始终盯着屏幕，就会影响工作记忆和工作效率。偶尔断开连接，让工作记忆稍作休息。以下是一些基本原则。

· 每周至少有一个晚上关掉手机，然后试着提高频率。

· 提前告知身边人你整晚会处于暂时失联的状态，否则可能会损害你的工作关系。

· 关掉手机后，做些与工作无关的事情，也不要盯着电视屏幕了，可以锻炼身体或和家人一起消磨时间。

➲ 儿童

孩子们的生活中充斥着太多不同的结构化的活动，所以他们永远不会感到无聊。无聊对孩子们可能是一件好事，这会鼓励他们利用自己的工作记忆来创造娱乐方式，填补无聊的时光。每周至少安排一次自由活动时间，让孩子们在这段时间里休息一下。注意，自由活动不包括看电视，因为看电视是一种消极活动。

· 给他们一些笔和纸，不给任何指示，看看他们能创造出什么来。

· 在后院放一根水管一个泥铲，让他们在里面玩耍。

· 让他们尝试各种角色扮演。

· 带他们去运动场所，但不要管头管脚。如果孩子年龄够大了，就让他们自己判断各种活动的风险。你可以在必要的时候随时介入。室内攀岩墙就是一个安全的好去处，可以让他们学会控制恐惧。

简化目标，倒推步骤

复杂性是成功的大敌。目标越复杂、越不清晰，就越难以运用工作记忆实现目标。接下来我们将介绍如何锚定目标，并实现目标。

· 用简单的几个字概括目标，比如销售经理或安卓应用。

· 确定了最终目标后，用"倒推法"整理出达成目标所需完成的步骤。如果目标是发布安卓应用，就将其写在第一行，然后在下面写下所有必要的步骤，一直到第一步。比如：

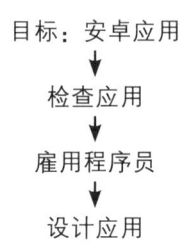

目标：安卓应用
↓
检查应用
↓
雇用程序员
↓
设计应用

这个过程看似简单，但非常重要。简化步骤，将其写下来，就可以从"哦，那是个好主意，但是永远不会实现"变成"我可以做到"。将想法落到实处，可以让工作记忆专注于具体的任务。

无论是收发室实习生简化寄件流程降低邮费，还是CEO制定战略实现公司财务目标，这一方法对于职场各个级别的人都有帮助。

教师也可以用同样的方法制订教学计划。比如：

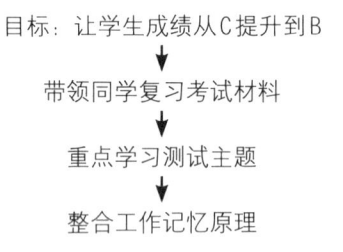

目标：让学生成绩从C提升到B
↓
带领同学复习考试材料
↓
重点学习测试主题
↓
整合工作记忆原理

简化教室

教室并不是理想的学习环境。孩子们聊天不休，铅笔掉落地上发出声音，课程可能讲得太快或太慢；墙上的字母表、公式、地图、装饰物都有可能分散孩子们的注意力。因此，有太多东西需要剔除，否则他们的工作记忆无法专注于学习。以下是运用认知设计原理简化教室的步骤。

・减少墙上的东西。墙上有哪些东西？孩子们学习需要这些东西吗？如果没有必要，就会增加孩子们集中注意力的难度。有些老师可能不喜欢在墙上留任何东西，还有些老师可能喜欢在上面挂一些道具来辅助自己的教学。

・坚持常规。打乱课堂常规或是更换上课时间，会给学生的工作记忆增加负担。为了不让课堂以外的内容过多占用工作记忆，请不要随意变动课堂常规，这样学生才能清晰地知道学习目标，跟上学习进度。理想状态下，一个给同一批学生教授不同课程的小学老师应该有规律地在固定的时间上不同的课程，譬如，第一节数学课，第二节地理课，第三节阅读课。而单科教师也会对上课有一个固定的时间安排，譬如，先讨论昨天的材料，之后测验，然后讲授新概念，最后做练习巩固新的知识或技能。

・保持教室整洁。明确物品的位置，使用颜色编码系统确保学生能够将物品放回正确的位置。比如，在书上贴黄色圆形标签，并在对应的书架上贴上黄色条形标签。同样的，带红色圆形标签的书应该放回贴着红色条形标签的书架上。书本、玩具、绘画材料等都可以使用这一颜色编码系统。

将运动分解为基本动作

在运动中，只要能比其他人反应更快、行动更快，就能取得好成绩。为此，有时需要抑制工作记忆，以便运动皮层和小脑可以做出快速反应。如果其中夹杂了工作记忆，就有可能增加任务的复杂度，反而降低了反应速度。

·在小脑中记忆正确的动作。如果想要打好网球，就要学习正确的击球技巧，然后不断练习，练习，再练习。当这些动作已经成为本能，就不需要调用工作记忆了。

·一定要找到合适的教练。教练的水平应当和训练目标相匹配。以网球为例，如果你想达到你家热爱运动的鲍勃叔叔那样的水平，让他教你如何反手扣球就好了。但如果你想打得像罗杰·费德勒（Roger Federer）[①]一样好，那么最好找到更专业的教练。鲍勃叔叔可以让你掌握一些对业余爱好者而言还不错的动作，但如果要学习更精湛的技术，需要专业教练才行。

·参加一对一课程。一对一教学是最好的，因为有人直接对你的表现作出评价。如果是团体课程，老师花在每个人身上的时间只有几分钟。

·关注感受。用感受替代思考，可以排除工作记忆的参与。如果你是教练，请尽量少用口头指示训练运动员，精准的用词会妨碍精准的动作。减少语言交流，有助于激活小脑—运动皮层循环。

·让自己疲劳。疲惫的时候大脑无法思考，也就不会调动工作记忆，只能依靠小脑—大脑皮层循环来学习新的动作。下次训练时，你可能会发现新动作已经烙印在肌肉记忆里。

---

① 前瑞士男子网球运动员，曾经是世界男子网球第一人。——译者注

控制练习

控制的过程需要动用工作记忆对信息进行处理。以下练习旨在锻炼准确高效地使用工作记忆的能力，从而让你能够在必要的时候有意识地掌握和管理（或忽略）信息。

如何拥有超乎想象的记忆水平

记忆随机信息。如果需要记住一系列随机信息，比如订单编号、电话号码、一桌潜在客户的姓名、一系列日期，可以试试位置记忆法。

・假设你需要按特定顺序记住数字29、0和80，可以发挥你的工作记忆，将新信息与已知事物联系起来。例如，可以将29与你29岁的朋友汤姆相关联。

・将汤姆放置在一个你熟悉的地方，比如你最喜欢的公园。

・然后将他放置在一个具体的位置，比如烧烤架旁边。

・添加下一条信息，比如把弗罗多（代表"0"，因为他戴着戒指，看起来像这个数字）放置在沙滩排球场。

・添加最后一条信息，比如莱尔德・汉密尔顿（代表"80"，第六章我们介绍过他征服80英尺高海浪的事迹）。

・创作一个完整的故事：汤姆把烤熟的汉堡越过排球网扔给弗罗多，弗罗多正要享用，莱尔德抢过汉堡狼吞虎咽地吃完了。转换成数字就是29、0和80。

・一旦掌握了窍门，你可以记住更多的信息。在家多多练习，然后就可以随时使用这一技巧了。

记忆姓名。如果想要记住某场会议茶歇时遇到的人的名字，就不能使用位置记忆法了，因为每个人都在四处闲逛。这些情景较为不稳定，因此我们很容易忘记刚刚自我介绍的人的名字。这时，如果能将刚认识的人与熟悉的单词或图像相关联，就可以牢记他的名字。如果比起听到的信息，你更擅长记忆看到的事物，就专注于他身上的视觉元素，将其与你熟悉的其他视觉信息（比如颜色）关联起来。比如，鲍勃开着一辆蓝色的汽车，你可以称他为"蓝色鲍勃"。如果你更容易记住听到的信息，就将对话中的信息（比如某人的居住地）与其名字联系在一起。这样，来自加州的鲍勃就可以称作"加州鲍勃"。

快速乘法诀窍

心算乘法对工作记忆是很大的挑战，因为需要同时记忆多个变量。一种心算的好方法是将数字从左到右依次相乘，再将各个结果相加。

39×7应当这样算：

- 30×7=210

- 9×7=63

- 210+63=273

25×13应当这样算：

- 20×10=200

- 20×3=60

- 200+60=260

- $5×10=50$

- $260+50=310$

- $5×3=15$

- $310+15=325$

先做两位数乘一位数练习来熟悉这个过程，比如$69×8$，$55×4$，$28×8$，然后进阶到两位数乘两位数练习，比如$34×18$，$47×19$，$28×33$。

手机上的碎片化阅读远远不够

阅读也许是一边处理信息一边锻炼工作记忆的最愉快的方式了。阅读之所以需要工作记忆，不仅是因为它需要回想之前获取的信息，预测之后出现的信息，还因为大脑需要将词句拼接在一起加以理解。通过阅读锻炼工作记忆的诀窍就是不断挑战自己。在这个随处是短信和推文的时代，我们已经习惯于阅读越来越简短的信息。越简短，代表内容越简单，工作记忆就越容易处理。如果想要锻炼工作记忆，就需要阅读更具挑战性的内容。

⊃ 成年人

找一本好书，最好比平时阅读的内容更具挑战性，坐下来静心阅读。世界文学名著就是挑战工作记忆的绝佳选择。似乎名著的写作时间越早，比如20世纪、19世纪、18世纪甚至更早之前，句子就越长越复杂。读一本简·奥斯丁、罗伯特·路易斯·史蒂文森、查尔斯·狄更斯的小说，或是勇敢挑战莎士比亚、米尔顿、但丁的伟大诗作吧。这些作家可以帮助你拓展智力，因为他们的写作方式和今人大不相同，我们必须调动工作记忆才能理解他们的作品。

◯ 儿童（2—5岁）

给孩子朗读故事，最好是他们从未听过的，这样才有挑战。记住，故事越脍炙人口，孩子就会越依赖长期记忆，而不是利用工作记忆来理解。为了锻炼他们的工作记忆，可以让他们猜测故事的走向。如果从小就给孩子讲故事，他们的理解力会让你惊喜的。可以使用以下技巧，确保孩子调动了自己的工作记忆。

·2—3岁：可以就故事的具体信息对他们进行提问。这可以促使他们运用工作记忆来回顾听到的信息。比如，"好奇的小猫是什么颜色的？"

·4岁：让他们推测角色的动机。比如，"你觉得好奇的小猫为什么从勇敢的老鼠那里跑开呢？"这有助于锻炼他们的工作记忆，增强他们的他人意识。

·5岁：要求他们自己阅读故事，但注意，这可能是一项艰巨的工作记忆任务，他们毕竟是孩子，不要期待他们对文章有非常深刻的理解。

◯ 学龄儿童（6—10岁）

这些孩子应该每天独立阅读简单文本。10岁孩子的"简单"对于6岁孩子而言可能就是"困难"，所以需要根据实际情况来安排。与此同时，父母也需要陪孩子阅读更高难度的作品，以帮助他们开阔眼界、提升智力，这样一来，他们在独自阅读时就会感到更容易。我们6岁的儿子会独自阅读《魔法树屋》，与此同时，罗斯也会定期陪他一起阅读《指环王》。儿子坚持每天晚上独自读两页作品，而罗斯则会陪他阅读 10 页。虽然会有难度，但你会发现孩子其实是喜欢挑战的。哈利·波特现象鼓舞人心的地方在于：J.K. 罗琳（J.K. Rowling）敢于挑战读者的阅读能力。在成年人拥抱更短、更简单文本的时代，孩子们（没错，孩子们）却有着不同的选择，他们的工作记忆渴望挑战更复杂、更有难度的作品。这说明更短、更简单未必是必然的趋势。

合上菜谱

烹饪是锻炼工作记忆能力的好方法之一，而且锻炼的同时还可以享用可口的美食！如果你是成年人，可以尝试阅读菜谱之后，不看菜谱完成烹饪过程。将这个方法用于肉类烹饪可以很好地锻炼工作记忆。你也可以尝试难度更大的烘焙，从中获得更好的锻炼。如果是儿童，尽量找步骤简单的菜谱。脱离菜谱可以鞭策我们在完成烹饪的同时将用料和步骤牢记于心。这是为满足口腹之欲而进行的多线程工作！

关注感受

我们的关注点会影响我们的感受。关注负面信息，你就会变得消极；关注正面信息，则会变得积极。听起来是不是很容易？其实，真正的难点在于如何关注积极事物，而这就是工作记忆可以发挥作用的地方。第一步，是有意识地通过工作记忆判断事物是积极、消极还是中性的。

1. 首先让朋友朗读下面的单词列表。**自己不要偷看！**

2. 识别听重复出现的单词。每听到一个重复单词（两个相同单词之间隔了一个别的单词），就打个响指，并告诉你的朋友这个词是积极、消极还是中性的（答案以粗体显示）。完成后，可以尝试间隔更长的练习（例如两个相同单词之间隔了两个单词）。

间隔 1 个词	间隔 2 个词
电脑	花朵
自信的	高兴的
幸运的	明亮的
自信的	**花朵**
幸运的	有罪的
害怕的	剪刀
使痛苦	被迫的
害怕的	被迫的
使痛苦	明亮的
相机	惨淡的
激励	疯狂的
拥抱	**明亮的**
激励	**惨淡的**
快乐	痛苦
除草机	自信的
安全的	砖瓦
除草机	有罪的
激励	**自信的**
激励	**砖瓦**

由于在整个过程中工作记忆都在有意识地评估词语的情绪属性，

你可以让它建立起过滤消极词语、专注于积极词语的习惯。在接下来的练习中，我们需要避开消极与中性词语，在积极词语之间连线。研究显示咖啡因有助于提升大脑识别积极词语的速度和准确性，所以如果你觉得这一练习有些困难，那就喝杯咖啡或茶，这会让你觉得轻松一些。

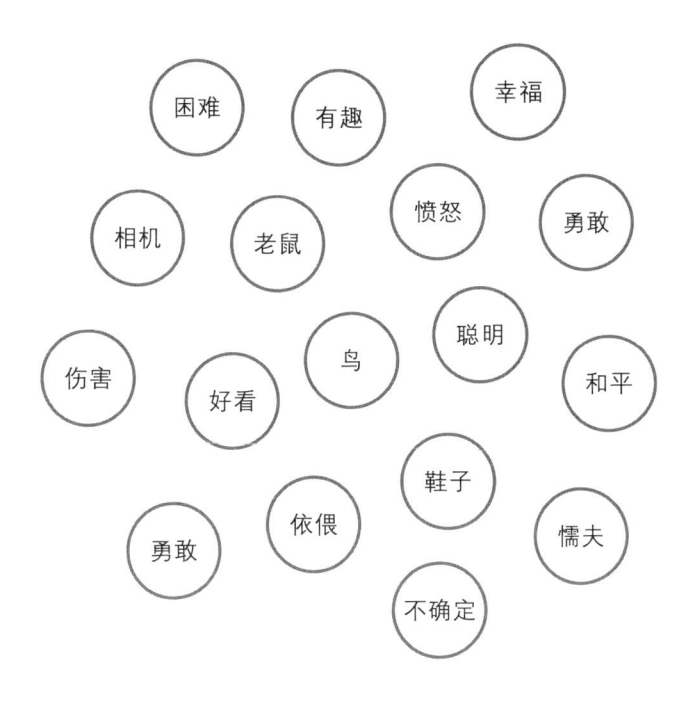

困难　有趣　幸福
相机　老鼠　愤怒　勇敢
伤害　好看　鸟　聪明　和平
勇敢　依偎　鞋子　懦夫
不确定

支持练习

工作记忆是一个强大的工具，但如同其他所有工具一样，它需要精心呵护。磨刀不误砍柴工，工作记忆需要多加维护才能保持最佳状态。通过以下练习，你可以为你的（以及你的孩子或学生的）工作记忆提供悉心呵护。

了解听众的承受能力

在指导学生或孩子时,给他们提出的指令不要超出他们工作记忆一次性所能承受的数量。首先了解各个年龄段可以同时记住多少条指令,这样可以大大提升他们执行指令的成功率。下表显示了每个年龄段合适的指令数量。

不同年龄段工作记忆的承受能力

年龄(岁)	工作记忆能承受的指令数量(条)
5—6	2
7—9	3
10—12	4
13—15	5
16—30+	6
40+	5
50+	4
60—70+	3

关掉电视!

关掉电视是保护孩子工作记忆最重要的方式之一。研究显示,孩子看电视越多,出现注意力问题的风险越大,最终可能会发展为工作记忆发育异常。所以,应该怎么办呢?坦诚相待,向孩子们解释电视对注意力的危害,以及由此对生活其他方面造成的负面影响。看电视只能作为非常偶尔的奖励。

睡出聪明大脑

睡眠不足时，你有多疲惫，你的工作记忆就有多疲惫。另外，疲劳时，工作记忆还需要承担额外的工作量，以弥补大脑其他区域落下的工作。以下是不同年龄段的最少睡眠时间。

不同年龄段睡眠时间表

年龄段	时长（小时）
幼儿（1—3岁）	12—14
学龄前儿童（3—5岁）	11—13
儿童（5—12岁）	10—11
青少年	8.5—9.25
成年人	7—9

跑出良好工作记忆

科学研究证实，跑步有助于锻炼前额叶皮层。一部分原因在于，跑步可以促进血液流向前额叶皮层。我们已经找到足够证据，证明赤脚跑步可能是对工作记忆帮助最大的跑步方式。不论是穿着跑鞋还是赤脚，养成定期跑步的习惯，都可以增强工作记忆水平。但无论你采用哪种形式的锻炼，开始前请一定要听一下医生的建议。

学习法语、西班牙语、德语

学习新语言可以高强度训练工作记忆。首先你需要运用工作记忆，将新词汇、新语音、新词义存储到长期记忆中，同时还需要运用工作记忆学会如何正确使用这些信息。所以，如果你已经掌握了两种语言，那就开始学习第三门语言吧。如果你已经会说英语，就试试别的语言吧。

放弃退休的想法

工作对于保持工作记忆的良好状态至关重要。一旦生活节奏变慢，不再需要应对工作中的种种要求，工作记忆受到的挑战减少，它就会被闲置。一旦被闲置，需要它的时候想要恢复就没有那么容易了。退休可能会损害认知能力。

摄入足够的营养

我们摄入的食物影响着我们的思维。垃圾食品吃得多了，大脑也会变得迟钝。维护工作记忆的最佳方法之一就是避免过量摄入反式脂肪含量极高的垃圾食品。看球赛时偶尔吃一顿热狗配薯片并不是什么大问题，但如果每天都这样吃，就会给工作记忆带来巨大的伤害。以下是对工作记忆有益的食物与饮品：omega-3脂肪酸、瘦红肉、油性鱼、蔬菜配彩色浆果、牛奶、红酒、莓果酒、绿茶、红茶。

吃得清淡一点

研究证据表明，低热量饮食是增强工作记忆的好方法。周期性禁食也可能有益于大脑认知。同样，在你尝试之前，请遵循医嘱。

快速提神醒脑

迷迭香和薄荷的气味具有增强认知能力的效果。随身携带一小瓶精油，在你需要时，在纸巾上滴上几滴，工作时放在身边，可以快速提神醒脑。请不要将精油直接涂抹在皮肤上，因为纯精油的刺激性很强，可能会引起不适。

致 谢

我们的家人、朋友和同事以各种方式或直接，或间接地支持了我们的工作，对此我们深表感激。我们的父母大卫·帕基亚姆（David Packiam）、卡门·帕基亚姆（Karmen Packiam）、罗斯·阿洛韦（Ross Alloway）和比弗利·阿洛韦（Beverly Alloway）鼓励我们永葆热爱与学习的能力，告诉我们永远不要惧怕提问。我们的兄弟姐妹，希瑟（Heather）、拉克（Lark）、伊恩（Ian）、格伦（Glenn），同我们一起探索、一起欢笑、一起嬉闹，磨砺了我们的才智。没有他们，我们永远不会取得现在的成就。格伦一直乐于倾听我们的困扰，凭借他丰富的阅历，为此书的撰写提供了大量积极的建议。

在撰写本书的过程中，我们的朋友和同事都给予了极大的支持。其间我们移居到了另一个国家，在搬家的过程中，薇拉娜·阿纳特（Verena Ahnert）和托马斯·阿纳特（Thomas Ahnert）为我提供了住所。迈伦·彭纳（Myron Penner）和凯尔·罗素（Kyle Russell）花费了数小时讨论工作记忆和意识的哲学含义。彼得（Peter）总能给我们指导。塞德里克·米内尔（Cédric Minel）对爱丁堡的奶酪店、马卡龙店了如指掌，他启发了我们思考美食与良好工作记忆之间的联系。还有许多朋友用他们的聪明才智帮助我们明确问题，并对我们给出的回答提出质疑，他们是：格温妮丝·多尔蒂－斯内登（Gwyneth Doherty-Sneddon）、南希·安德森（Nancy Anderson）、罗伯特·洛吉（Robert Logie）、苏·盖斯科尔（Sue Gathercole）、朱利安·埃利奥特（Julian Elliott）、比尔·贝尔（Bill Bell）、彼得·加赛德（Peter Garside）、乔纳森·怀尔德（Jonathan Wild）和伊亚·波莱格（Eyal Poleg）。我们也非常感谢比尔（Bill）、马克（Mark）和韦恩（Wayne），卢克（Luke）和乔希（Josh），沃恩（Vaughn）和保罗（Paul）。

Foundry Literary+Media团队为本书的出版给予了极大的帮助。如果没有他们，那么工作记忆科学就会淹没在图书馆众多的研究著作中。莫利·格里克（Mollie Glick）为我们的撰写工作提出了绝妙的愿景，启发了我们的思路，并在各个阶段鼓励我们。斯特凡妮·阿布（Stéphanie Abou）让本书走向了国际，凯瑟琳·汉布林（Kathleen Hamblin）常常与我们通话，支持我们的工作。我们尤其感谢弗朗西斯·夏普（Frances Sharpe）和雷切尔·雷曼－豪普特（Rachel Lehman-Haupt），他们帮助我们整合材料，并鼓励我们走出舒适区。

从头到尾，西蒙与舒斯特出版社（Simon & Schuster）的编辑艾米丽·罗斯（Emily Loose）和卡琳·马库斯（Karyn Marcus）为本书的出版提供了非常多的支持、指导与帮助。艾米丽一直是我们的啦啦队队长。每次与她交谈，都能感受到她对本书的热情。她用她那无与伦比的才能帮助我们将这部粗糙的作品打磨精细。卡琳给了我们巨大的支持，我们问了无数的问题，她都给予了及时解答。她对出版的敏感度极大地提升了本书的质量。

我们从科普畅销作品中学到了如何将科学知识介绍给学术象牙塔之外的读者，在此我们向这些作家表示感谢。他们包括：丹尼尔·亚蒙（Daniel Amen）、卢安·布里兹丁（Louann Brizendine）、戴尔·卡内基（Dale Carnegie）、斯蒂芬·R.科维（Stephen R. Covey）、诺曼·道奇（Norman Doidge）、查尔斯·杜希格（Charles Duhigg）、蒂莫西·费里斯（Timothy Ferriss）、丹尼尔·吉尔伯特（Daniel Gilbert）、马尔科姆·格拉德威尔（Malcolm Gladwell）、丹尼尔·戈尔曼（Daniel Goleman）、奇普·希思（Chip Heath）和丹·希思（Dan Heath）、史蒂文·D.莱维特（Steven D. Levitt）和斯蒂芬·J.杜布纳（Stephen J. Dubner）、克里斯托弗·麦克杜格尔（Christopher McDougall）、约翰·麦地那（John Medina）、斯蒂芬·平克（Steven Pinker）、格雷琴·鲁宾（Gretchen Rubin）、奥利弗·萨克斯（Oliver Sacks）、威廉·西尔斯（William Sears）、丹尼尔·T.威廉汉姆（Daniel T. Willingham）。感谢你们出色的书籍和文章。在此要特别感谢工作记忆高手们：罗德尼·马伦（Rodney Mullen）、亚历克斯·霍诺尔德（Alex Honnold）、苏珊·波尔加（Susan Polgar）、费洛斯·阿布卡迪耶（Feross Aboukhadijeh）和多米尼克·奥布赖恩（Dominic O'Brien）。感谢你们慷慨地同我们分享你们的故事，让冰冷的科学变得亲近而有温度。

非常感谢那些在发现工作记忆的过程中起了重要作用的先驱者

们，他们包括：19世纪的铁路工人菲尼亚斯·盖奇（Phineas Gage），他在一次爆炸中幸存，铁棍穿过他的头骨，他的经历告诉我们前额叶皮层受损会导致工作记忆受损；早期大脑科学家大卫·费里尔（David Ferrier）（来自我们的母校爱丁堡大学）用电击的方式对猴脑进行了研究，揭示了人类思考及行动的无限潜能；艾伦·巴德利（Alan Baddeley）和格雷厄姆·希治（Graham Hitch）则在20世纪重新开启了工作记忆相关研究。由于篇幅有限，本篇致谢无法一一罗列书中引用的全部科学家前辈。感谢各位卓越的洞见和功劳。

我们还要衷心感谢众多实验志愿者，你们的参与帮助我们推进了对科学知识的探索。没有你们付出的时间和努力，有关工作记忆的假设就无法得到检验与证实。

最后，我们要感谢让本书得以成型的相关脑区。杏仁核，你一直在那里敦促我们不要错过截稿日期；海马体，你记录了无数的故事、经历和重要时刻供我们研究挖掘；布罗卡氏区和韦尼克区，如果没有你们存储文字、语法和措辞，我们不可能完成这部作品，请确保书中没有令人尴尬的拼写及句法错误啊；前额叶皮层以及你给予的工作记忆，你们是本场演出最闪亮的明星，为你们喝彩。